Michael Plomer

Sicherer Umgang mit Messunsicherheiten

Entwicklung und Erprobung eines Unterrichtskonzepts zum Umgang mit Messunsicherheiten in den Jahrgangsstufen acht und neun am naturwissenschaftlich-technischen Gymnasium

Michael Plomer

SICHERER UMGANG MIT MESSUNSICHERHEITEN

Entwicklung und Erprobung eines Unterrichtskonzepts zum Umgang mit Messunsicherheiten in den Jahrgangsstufen acht und neun am naturwissenschaftlich-technischen Gymnasium

ibidem-Verlag
Stuttgart

Bibliografische Information der Deutschen Nationalbibliothek
Die Deutsche Nationalbibliothek verzeichnet diese Publikation in der Deutschen Nationalbibliografie; detaillierte bibliografische Daten sind im Internet über http://dnb.d-nb.de abrufbar.

Bibliographic information published by the Deutsche Nationalbibliothek
Die Deutsche Nationalbibliothek lists this publication in the Deutsche Nationalbibliografie; detailed bibliographic data are available in the Internet at http://dnb.d-nb.de.

∞

Gedruckt auf alterungsbeständigem, säurefreien Papier
Printed on acid-free paper

ISBN-13: 978-3-8382-0567-0

Printed in Germany

Inhaltsverzeichnis

Kurzfassung

Das kritische Hinterfragen und Bewerten von Messungen und Ergebnissen ist nicht nur das täglich Brot für den experimentell arbeitenden Naturwissenschaftler sondern auch im alltäglichen Leben beim reflektierten Umgang mit Daten und Statistiken nötig. Das Wissen um „Messunsicherheiten" ist dafür fundamental und sollte den Schülerinnen und Schülern im Rahmen der Experimente des Physikunterrichts vermittelt werden. Da es trotz der fachlichen Bedeutung keinen Eingang in den verpflichtenden Lehrplan des Gymnasiums gefunden hat, soll diese Lücke im Rahmen des Profilbereichs für das naturwissenschaftlich-technische Gymnasium geschlossen werden.

Die entwickelte sechsstündige Unterrichtssequenz behandelt unter anderem die Begriffe Ableseunsicherheit, innere Unsicherheiten, Fortpflanzung von Messunsicherheiten (Min-Max-Methode) sowie die Anwendung der Unsicherheit beim Interpretieren und Bewerten von Ergebnissen. Die Sequenz wurde in einer achten und einer neunten Klasse eines Gymnasiums im Münchner Umland im Sommer 2011 durchgeführt und evaluiert. Zudem wurde untersucht, inwieweit die Schülerinnen und Schüler die Grundzüge der Min-Max-Methode ohne explizite Lehrerintervention selbständig entdecken können.

Die Evaluation zeigt, dass das Projekt „Sicherer Umgang mit Messunsicherheiten“ prinzipiell in beiden Jahrgangsstufen erfolgreich durchgeführt werden kann. Dabei gelingt es nur einem Teil der Schüler, die Fortpflanzung von Messunsicherheiten selbständig zu entwickeln. Die angestrebten Lernziele konnten in beiden Jahrgangsstufen – mit leichten Vorteilen für die neunte Klasse – erreicht werden. Insgesamt gelang es, den Schülerinnen und Schülern die Grundbegriffe und Grundfertigkeiten im Umgang mit Messunsicherheiten zu vermitteln und diese insbesondere für dieses Thema zu sensibilisieren.

Kapitel 1. Einleitung

Im schulischen Alltag finden sich zu Beginn des naturwissenschaftlichen Unterrichts eher qualitative Versuche, bei denen Phänomene demonstriert oder Abhängigkeiten nachgewiesen werden. Während diese Ziele des Experimentierens im physikpropädeutischen Unterricht „Natur und Technik“ aber auch noch im ersten Lernjahr Physik – nach Bundesland, Stufe, Schulart und Lehrplan – im Vordergrund steht, nimmt der Anteil der quantitativen Messungen in den folgenden Jahren zu, wodurch die Exaktheit der Physik schrittweise zur Geltung kommt.

Durch diesen Wechsel vom qualitativen zum quantitativen Experimentieren kann bei Schülerinnen und Schülern[1] der Eindruck erweckt werden, dass die quantitative Messung per se

[1] Der besseren Lesbarkeit wegen wird im Folgenden auf Doppelungen wie „Schülerinnen und Schüler“ zugunsten des generischen Begriffs „Schüler“ verzichtet.

aussagekräftiger sei als die qualitative Beobachtung, da die Mathematisierung der Physik stärker zu Tage tritt und als bedeutsamer wahrgenommen wird. Dies kann durch die Verwendung des Taschenrechners verstärkt werden, wenn das Rechenergebnis mit allen angezeigten Stellen abgeschrieben und diese scheinbare Exaktheit auf das Experiment übertragen wird.

Das Arbeiten mit Messunsicherheiten und die Bewertung der Aussagekraft eines Ergebnisses sind dabei wichtige Kompetenzen für das Experimentieren. Diese dürfen in der schulischen Physikausbildung nicht vernachlässigt werden und sollten frühzeitig vermittelt werden. Von Vorteil ist dabei, dass die Grundideen des Arbeitens mit Messunsicherheiten anhand physikalisch sehr leichter Themen vermittelt werden können, ohne dass dabei eine für die jeweilige Jahrgangsstufe zu anspruchsvolle Mathematisierung von Nöten ist. Da diese Kompetenzen in den Lehrbüchern und der didaktischen Literatur bisher nur unzureichend aufgenommen wurde, wird durch die in diesem Buch vorliegende Unterrichtssequenz „Sicherer Umgang mit Messunsicherheiten“ versucht, diese bis dato bestehende Lücke zu schließen. Die verwendeten Materialien wurden erfolgreich eingesetzt und evaluiert. Für schulische Zwecke dürfen die im Anhang abgedruckten Vorlagen frei verwendet und modifiziert werden, eine anderweitige Verwertung ist nicht zulässig.

Im nächsten Kapitel erfolgt die wissenschaftliche Einordnung des Themas sowie ein Überblick über den Stand der fachdidaktischen Forschung. Wichtig ist hier auch die Klärung der Begriffe, da deren unsaubere Verwendung nicht nur im schulischen Alltag auftritt. Nach einer Analyse des Lehrplans und der Darstellung der Schülersicht werden erreichbare Lernziele identifiziert. Auch wenn die hier dargestellten Inhalte und Lernziele dem bayerischen Lehrplan entnommen sind, können die Überlegungen und entwickelten Materialien sehr leicht auf andere Schulsysteme oder Schularten übertragen werden. Die Entwicklung der Unterrichtseinheit und ein detaillierter Überblick über die Inhalte und Methoden der Stunden der Sequenz finden sich in Kapitel drei. Die kritische Reflexion über das Unterrichtsgeschehen und die Analyse der Evaluation erfolgen in Kapitel vier. Die verwendeten Unterrichtsmaterialien finden sich am Ende der Arbeit im Anhang.

Kapitel 2.
2 Einordnung des Themas

2.1. Wissenschaftliche Einordnung

Das Experiment stellt als Grundlage der physikalischen Erkenntnisgewinnung das Fundament der Experimentalphysik dar. Neben vielen anderen Funktionen (Demonstration von Phänomenen, Plausibilitätsüberprüfungen von einfachen Hypothesen, Experimente zur Steigerung von Motivation und Aufmerksamkeit im Unterricht), die ein Experiment im Labor oder in der Ausbildung übernehmen kann, ist die quantitative Messung zur Bestimmung unbekannter Messgrößen oder Verifizierung postulierter Zusammenhänge essentiell, um die Natur zu verstehen [Kircher et al. 2010]. Als exakte Wissenschaft erhält der Begriff „Messfehler“ in diesem Zusammenhang eine negative Konnotation, da der Begriff suggeriert, man hätte etwas falsch gemacht, und als wäre ein ohne Messfehler angegebenes Ergebnis besser.

Ein Messergebnis ist allerdings ohne eine explizite Angabe der (Un-)Genauigkeit nur bedingt aussagekräftig und eine Bewertung dessen nur eingeschränkt möglich. Beispielsweise ist die Entscheidung darüber, ob ein bestimmter Literaturwert im Experiment reproduziert werden konnte, ohne eine Betrachtung der Abweichungen nicht möglich. Diese Überlegungen betreffen jedoch nicht nur die Naturwissenschaften, sondern sind in der heutigen Welt an vielen Stellen von Bedeutung, da der Mensch im Alltag mit Zahlen und Statistiken überhäuft wird. Da es exakter wirkt, eine Aussage mit Zahlen zu hinterlegen, wird dies auch z.B. in Wirtschaft und Politik an vielen Stellen getan, ohne dass dabei die Genauigkeit angegeben bzw. hinterfragt wird.

Man denke z.B. auch an Umfragen vor Wahlen, bei denen ein Umfrageinstitut ein Wahlergebnis von 25% für Party XYZ prognostiziert, ohne dass auf die statistische Genauigkeit eingegangen wird. Einige Meinungsforschungsinstitute geben diese Werte zumindest auf deren Homepage an, die Fehler der Umfrageergebnisse liegen im Bereich von ca. $1,5\%$ für kleine und $2,7\%$ für größeren Parteien [Fehndrich, 2008].

Das kritische Hinterfragen und Prüfen von Messungen und Ergebnissen ist also nicht nur im naturwissenschaftlichen Betrieb von Bedeutung, sondern trainiert auch den reflektierten Umgang mit Daten im alltäglichen Leben.

2.2. Fachliche Klärung

Sicherlich nicht förderlich für das Verständnis von Messunsicherheiten ist die zum Teil synonyme Verwendung der Fachtermini, wie ein Beispiel aus einem Schulbuch zeigt [Diehl et al., 2008]: „*... Hierbei [beim Messen] sind Abschätzungen nötig und es bleiben Messunsicherheiten. Sie werden als Messfehler bezeichnet. Alle Messinstrumente und -methoden führen nicht zu einer eindeutigen Maßzahl, sondern zu einem Bereich, in dem die Maßzahl liegt. (...) Werden Messungen in einer Versuchsreihe wiederholt, treten Schwankungen auf. Die Messwerte streuen um einen Mittelwert. Solche Messungenauigkeiten nennt man statistische Fehler.*“

Auch wenn die einzelnen Begriffe bereits 1995 durch die [DIN-1319, 1995] definiert wurden, wird eine Vielzahl derer nach wie vor in der Schule aber auch der Hochschule unsauber gebraucht. Die für den weiteren Verlauf wichtigsten Begriffe werden hier kurz definiert und im Folgenden gemäß [BIPM et al., 1995; GUM, 2008] verwendet[1]:

[1] Aufgrund des Umfang dieses Themengebiets kann die folgende Darstellung keinen Anspruch auf Vollständigkeit haben. Es wird versucht, die für das weitere Vorgehen sowie für den schulischen Kontext relevanten Begriffe und Zusammenhänge darzustellen. Auf eine ausführliche formelmäßige Beschreibung wird aus oben genannten Gründen ebenfalls verzichtet. Dies kann zum Beispiel in

- Die **Messgröße** ist die untersuchte physikalische Größe.
- Der **Messwert** ist der im Experiment gefundene Wert für die Messgröße.
- Der **wahre Wert** der Messgröße ist der gesuchte Wert, der möglicherweise nicht bekannt ist.
- Die **Messabweichung** beschreibt den Unterschied zwischen Messwert und wahrem Wert.
- Die **Messunsicherheit** gibt zusammen mit dem Messwert einen Wertebereich an, in dem der wahre Wert mit einer bestimmten Wahrscheinlichkeit liegt.
- Die **Fortpflanzung der Messunsicherheiten** beschreibt die Auswirkungen der Unsicherheiten der einzelnen Messwerte bzw. Messgrößen auf das Ergebnis einer Rechnung o.ä. und ersetzt den Begriff „Fehlerfortpflanzung“.

[Demtröder, 2003, S.29ff] oder anderen einschlägigen Fachbüchern nachgelesen werden. Auf die Begriffe „richtiger Wert“ und „Schätzer“ wird an dieser Stelle ebenfalls verzichtet, da eine Behandlung dieser und insbesondere die Abgrenzung zu anderen Begriffen in der Schule zu schwierig ist. Ebenso wird die klassische Aufteilung der Fehlerarten (grob, systematisch, statistisch) nicht ausführlicher thematisiert, da das vorgestellte didaktische Modell einen anderen Ansatz wählt.

Gerade der zuletzt genannte Begriff wird in der „physikalischen Alltagsfachsprache“ für verschiedene Methoden verwendet: So finden sich in der „traditionellen Fehlerrechnung“ die Gaußsche Fehlerfortpflanzung, die strenggenommen nur für statistisch ermittelte Fehler herangezogen werden darf, wobei sämtliche systematische Fehler zuvor ausgeschlossen werden müssen. Ein weiteres, einfacheres Beispiel ist der „Größtfehler“, der über die Methode der oberen und unteren Grenze bestimmt wird (Min-Max-Methode). Dabei werden die minimalen bzw. maximalen Messwerte für verschiedene Messgröße so in die zur Berechnung verwendete Formel eingesetzt, dass einmal der maximale und einmal der minimale Wert für die berechnete Größe herauskommen.

Da aber einerseits – nicht nur im schulischen Alltag – nicht immer alle systematischen Fehler ausgemerzt und andererseits manche Messgrößen aufgrund der Messanordnung nur einmal bestimmt werden können, wie es die Gaußsche Fehlerfortpflanzung fordern würde, bleibt die Frage offen, wie in einer solchen Messsituation die Unsicherheiten von solchen verschiedenen Messgrößen in einer Rechnung vereint werden können. Darüber hinaus gibt es innerhalb der traditionellen Fehlerrechnung kaum Vereinbarungen, ob die angegebene Messunsicherheit ein Vertrauensintervall von z.B. 68% oder 95% beschreiben soll [Heinicke, 2010].

Die Schaffung des Leitfadens „Guide to the Expression of Un-

certainty in Measurement (GUM)" wurde unter anderem aus diesen Gründen vom BIPM (Bureau International des Poids et Mesures) im Jahr 1979 angeregt. GUM liegt mittlerweile in der zweiten überarbeiteten Version (1993; 2008) vor und liefert den Versuch eines international einheitlichen Standards zum Umgang mit Messunsicherheiten und ist als Vornorm aufgenommen worden [DIN V ENV 13005, 1995]. Neben einer begrifflichen Klärung trennt die GUM die Vielzahl der Messunsicherheiten in zwei Typen:
Messunsicherheiten vom Typ A werden durch statistische Methoden und Beobachtungen ermittelt. Dies betrifft vor allem alle Experimente, bei denen eine Größe wiederholt gemessen wird und die Streuung der Messwerte berechnet werden kann. Man sollte dabei im Hinterkopf behalten, dass für statistisch sinnvolle Interpretationen mindestens 30 Messwerte vorliegen sollten. Im schulischen Kontext tritt dieser Fall eher selten auf. Werden Messunsicherheiten auf anderem Wege, z.B. durch Geräteangaben, Ableseüberlegungen, Abschätzungen o.ä. bestimmt, werden sie zum Typ B gezählt. Durch die Wahl sinnvoller Wahrscheinlichkeitsdichtefunktionen[2] können auch beim Typ B Vertrauensbereiche mit z.B. 68% angegeben werden. Dadurch ist es innerhalb des GUM möglich, die verschiedenen Unsicherheiten vom Typ A und B in einer Fortpflanzungsrechnung mathema-

[2]Aus diesem Grund wird dieser Ansatz auch „probabilistischer Ansatz" genannt.

tisch sinnvoll zu verrechnen [Heinicke, 2010].

In Abb. 2.1 sind drei Fälle für Wahrscheinlickeitsdichtefunktionen (englische Abkürzung: pdf – probability density functions) abgebildet. Die Rechteckverteilung in der ersten Zeile ist für das einmalige Ablesen einer Digitalanzeige relevant: Zeigt eine Uhr beispielsweise $t = 3\,\mathrm{s}$ an, müsste aufgrund der Rundung einer digitalen Anzeige ein Ergebnisintervall mit $t = (3,0pm0,5)\,\mathrm{s}$ angegeben werden. Dabei sind alle Messwerte innerhalb dieses Intervalls gleichwahrscheinlich, weshalb die verwendete Funktion sinnvoll ist. Möchte man nun ein 68% Konfidenzintervall angeben, müsste man via Integration den Flächeninhalt des Ergebnisintervalls auf den entsprechenden Flächenanteil verkleinern.

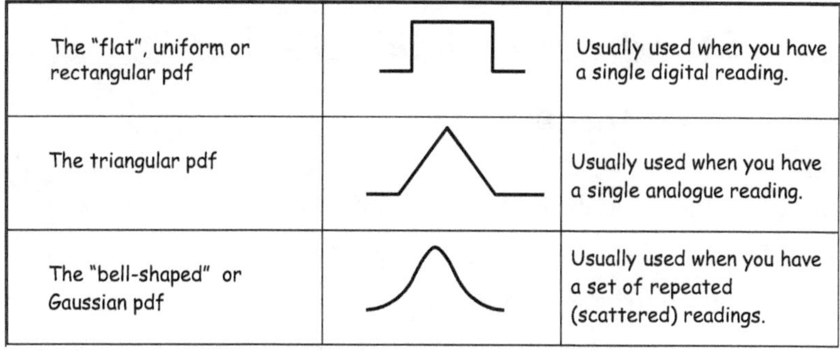

Abbildung 2.1.: Verschiedene Dichtefunktionen nach [GUM, S. 31]

In sehr ähnlicher Weise wird in der zweiten Zeile für das einmalige Ablesen einer Analoganzeige eine Dreiecksfunktion vorgeschlagen. Diese Dichtefunktion unterscheidet sich vom vorigen Fall, da bei einem Analogmessgerät der wahrscheinlichste Wert besser ermittelt und die Messunsicherheit besser abgeschätzt werden kann. Wie zuvor kann auch hier über die Wahrscheinlichkeitsdichte ein 68% Konfidenzintervall ermittelt werden.

Der dritte Fall beschreibt noch die klassische Glockenkurve nach Gauß. Für diesen Fall ist die Berechnung klar. Entscheidend ist, dass durch die Angabe von Konfidenzintervall für alle drei Fälle nun die Fortpflanzung der Messunsicherheit innerhalb eines mathematischen Ansatzes möglich ist und alle Arten von Messunsicherheiten gleich behandelt werden können.

2.3. Stand der fachdidaktischen Forschung

Es verwundert nicht, dass die fachdidaktische Forschung zu diesem Thema noch in den Kinderschuhen steckt, solange noch fachwissenschaftliche Unstimmigkeiten über den Umgang mit Messunsicherheiten bestehen. Neben einigen Artikeln, die Anregungen geben, wie der Umgang mit Messunsicherheiten und die Auswertung eines Experiments im Physikexperiment – vorrangig in der Hochschullehre – aussehen könnte [z.B. Deacon, 1992], finden sich an den meisten Hochschulen entsprechende Lehrtexte zur Auswertung von Messdaten, mit denen Studierende im Rahmen der physikalischen Ausbildung geschult werden [z.B. Physikalische Praktika, 2010].

In einer Oldenburger Studie wurden Studierende mit Physik im Haupt- und Nebenfach zu ihrem Verständnis von Messunsicherheiten sowie zu den verschiedenen Begriffen befragt. Die Ergebnisse zeigen, dass die Studierenden im Rahmen der traditionellen Fehlerrechnung kein adäquates Verständnis im Umgang mit und in der Interpretation von Messdaten und Unsicherheiten entwickelten, sondern vielfach auf Faustregeln und Abschätzungen zurückgriffen [Heinicke & Rieß, 2007 und 2009]. Dies deckt sich auch mit den Ergebnissen von [Lubben & Millar, 1996].

In mehreren Untersuchungen wurden einige Fehlvorstellungen über die Natur des Messens identifiziert und darauf aufbauend zwei grundlegende Vorstellungen definiert [Allie et al., 2003]: Im „Point-Verständnis“ wird ein Messwert als ein punktgenauer Zahlenwert verstanden, der aufgrund eines Fehlers vom wahren Wert abweicht. Beispielsweise kann in einem Experiment in mehreren Messungen die Erdbeschleunigung g bestimmt werden: $g_1 = 9,78\frac{\mathrm{m}}{\mathrm{s}^2}$, $g_2 = 9,72\frac{\mathrm{m}}{\mathrm{s}^2}$, $g_3 = 9,75\frac{\mathrm{m}}{\mathrm{s}^2}$, $g_4 = 9,78\frac{\mathrm{m}}{\mathrm{s}^2}$, $g_5 = 9,85\frac{\mathrm{m}}{\mathrm{s}^2}$, $g_6 = 9,81\frac{\mathrm{m}}{\mathrm{s}^2}$.

Schüler mit einem solchen Verständnis neigen dazu, bei Messreihen denjenigen Messwert als gut zu bezeichnen, der öfters auftaucht, also in diesem Beispiel $g = 9,78\frac{\mathrm{m}}{\mathrm{s}^2}$. Auch ignorieren Schüler bzw. Studierende mit einer solchen Vorstellung einen Teil der Messung, wenn einer der Messwerte genau dem angestrebten Wert entspricht und würden das Ergebnis mit „der Literaturwert wurde bestätigt, weil $g_6 = 9,81\frac{\mathrm{m}}{\mathrm{s}^2}$ gemessen wurde“ bewerten, frei nach dem Motto: wenn wir oft genug messen, erhalten wir schon den richtigen Wert.

Im „Set-Verständnis“, das dem wissenschaftlichen Denken am ehesten entspricht, stellt ein Messwert jeweils nur eine Annäherung an den wahren Wert dar. Im Gegensatz zum punktgenauen Zahlenwert im Point-Verständnis liegt hier ein Werteintervall vor, das durch einen Bestwert – zum Beispiel die Mitte des Intervalls – und eine Unsicherheit beschrieben wird. In den verschiedenen Untersuchungen zeigte sich, dass ohne explizite Intervention der Großteil der Schüler bzw. Studierenden ein Point-Verständnis aufweist. Dies lässt sich unter anderem dadurch belegen, dass trotz expliziter Angabe der Messunsicherheit nur die Messabweichung bei der Bewertung eines Ergebnisses berücksichtigt wird [Allie et al., 2003].

An der University of Cape Town wurde in einem mehrere Jahre dauernden Projekt ein Einführungskurs für das Auswerten von Messdaten erarbeitet und evaluiert. In dem zugehörigen Skript „Introduction to Measurement in the Physics Laboratory – A probabilisic approach“ werden dabei die Grundideen des

GUM systematisch umgesetzt [Buffler et al., 2009; Buffler, Allie & Lubben. 2008]. Diese Umsetzung wurde in mehreren Studien an verschiedenen Hochschulstandorten eingesetzt. Die Evaluationen zeichnen insgesamt ein positives Bild, da unter anderem der Anteil der Studierenden mit einem Set-Verständnis stark gesteigert werden konnte [Volkwyn et al., 2010]. Diese und weitere Befunde belegen, dass der GUM als sehr junges Konzept eine sinnvolle Alternative zur traditionellen Fehlerrechnung darstellt, da er einige Ungereimtheiten behebt und z.B. in der Umsetzung von Cape Town einen positiven Einfluss auf das Verständnis der Lernenden hat.

2.4. Messunsicherheiten im schulischen Kontext

2.4.1. Messunsicherheiten aus der Sicht des Lehrplans

Mit der Kompetenzorientierung von Unterricht und Lehrplan wurden diese von der KMK auch für den Physikunterricht definiert [Beschlüsse der Kultusministerkonferenz, 2004]. Vor allem die Kompetenzen *Erkenntnisgewinnung* (Experimentelle und andere Untersuchungsmethoden sowie Modelle nutzen) und *Bewertung* (Physikalische Sachverhalte in verschiedenen Kontexten erkennen und bewerten) [Beschlüsse der Kultusministerkonferenz: S. 7] sind eng mit der experimentellen Herangehensweise und damit auch mit der Aussagekraft von Experimenten bzw. deren Bewertung verknüpft. Die Umsetzung dieser Vereinbarungen findet sich nun in den jeweiligen Lehrplänen wieder.

Sowohl im Fachprofil als auch in den Jahrgangsstufen-Lehrplänen für das Fach Physik am achtjährigen Gymnasium in Bayern [Staatsinstitut für Schulqualität und Bildungsforschung – ISB GY, 2011] wird an vielen Stellen betont, dass die Schüler die Methoden naturwissenschaftlicher Erkenntnisgewinnung erlernen sollen und die in Experimenten gewonnenen Daten verarbeiten, bewerten und präsentieren können [ISB GY: Fachprofil Physik – Ziele und Inhalte & Ph8, Ph9]. Beginnend im Natur und Technik Unterricht der siebten Klassen sollen die Schüler in der Lage sein, „*beim Rechnen mit physikalischen Größen sinnvolle Genauigkeitsangaben zu machen (...) Beim Rechnen mit dem Taschenrechner wird ihnen bewusst, dass bei Größen auf sinnvolle Genauigkeitsangaben zu achten ist.*“ [ISB GY: NuT7]. Im restlichen Lehrplan wird dieses Thema jedoch an keiner einzigen Stelle – abgesehen von der allgemeinen Beschreibung im Fachprofil – weitergeführt noch werden explizite Lernziele vorgegeben.

Bereits in der 10. Jahrgangsstufe sollen die Schüler erkennen, „*...dass zunehmend verfeinerte Untersuchungsmethoden zu Ergebnissen führen können, die mit den jeweils geltenden Vorstel-*

lungen und Theorien nicht in Einklang zu bringen sind und deshalb die Entwicklung neuer umfassenderer Modellvorstellungen erzwingen" [ISB GY: Ph10]. An dieser Stelle muss die ketzerische Frage gestattet sein, ob es sinnvoll ist, Modellvorstellungen hinterfragen zu lassen, wenn zuvor die sinnvolle Bewertung der Aussagekraft eines Experiments noch nicht thematisiert wurde. Dass dieses Wissen um die Bedeutung der Messunsicherheiten an keiner Stelle explizit in den Lehrplan Eingang gefunden hat, ist nicht nur bedauernswert, sondern es birgt zudem die Gefahr, dass Schüler Daten ohne ausreichende Reflexion präsentieren. Schlussendlich bleibt es der Lehrkraft überlassen, dieses Wissen nach eigenem Gutdünken an geeigneten Stellen in den Unterricht zu integrieren, oder den Freiraum des Profilbereichs am naturwissenschaftlich-technischen Gymnasium dafür zu nutzen.

Interessanterweise wurde die Problematik der Messgenauigkeit im Fachlehrplan für die sechsjährige Realschule in Bayern sehr viel genauer eingebettet [ISB RS, 2011]. Dort wird das sinnvolle Angeben von Messergebnissen als zu erlernendes Grundwissen für die siebte Jahrgangsstufe definiert. Im Jahrgangsstufen-Lehrplan heißt es weiter: *„Durch Längenmessung mit Messgeräten unterschiedlicher Messgenauigkeit erfahren die Schüler, dass Messen eine notwendige Voraussetzung zur Gewinnung physikalischer Aussagen ist, dass Messergebnisse mit unvermeidlichen Messfehlern behaftet sind und dass die Berücksichtigung dieser Fehler die physikalisch sinnvolle An-*

gabe von Messergebnissen beeinflusst“ [ISB RS: Ph7.2]. Diese Inhalte sollen in der achten Klasse weitergeführt werden: „*Die physikalisch sinnvolle Angabe gültiger Ziffern bei zusammengesetzten Größen wird exemplarisch bei der Dichte erarbeitet*“ [ISB RS: Ph8.1].

2.4.2. Messunsicherheiten aus der Sicht der Schüler

„*Chemie ists wenns stinkt, Physik wenns nicht gelingt.*“ Diese plakative Aussage von Schülern spiegelt sehr gut wieder, wie das Experiment im schulischen Alltag wahrgenommen wird: Es wird nur zwischen „funktionierenden“ und „nicht-funktionierenden“ Versuchen unterschieden. Diese Schülereinteilung ist teilweise seitens des Physikunterrichts selbstverschuldet, da eine Messfehlerbetrachtung in der Regel nur dann erfolgt, wenn das Messergebnis zu stark vom angestrebten Vergleichswert o.ä. abweicht. Der „Messfehler“ wird dabei zum Buhmann des Experimentierens und für das Ergebnis verfälschende Abweichungen verantwortlich gemacht. Auch soll es vorkommen, dass Lehrer bewusst diejenigen Experimente von Schülern durchführen lassen, bei denen die großen Messunsicherheiten der Lehrkraft im Vorfeld bereits bekannt sind und ein „ genaues Ergebnis“ nicht erwartet wird und die Ungenauigkeit dem fehlenden experimentellen Geschick der durchführenden Schüler angerechnet wird.

Dabei sollte auch bei scheinbar guten Messergebnissen stets eine Diskussion erfolgen.

Meistens bewerten Schüler die Aussagekraft eines Ergebnisses einer Rechnung, oder einer Rechenaufgaben nur auf indirektem Wege, indem das Ergebnis anhand einer Faustregel gerundet wird[3]. Diese Faustregel wird den Schülern in der Regel vorgegeben und eingeübt. Dabei wird häufig thematisiert, dass ein Unterschied zwischen den Zahlenwerten 0,6 und 0,60 besteht, wenn es sich um ein physikalisches Ergebnis handelt. Allerdings fällt die Rundungsfaustregel etwas vom Himmel, da eine systematische Begründung zumeist fehlt.

Wenn Schüler im Physikunterricht die Aussagekraft von Messwerten oder Ergebnissen bewerten, so sind dies zentrale Kompetenzen, welche nicht nur die Naturwissenschaften betreffen, sondern in unserer von Zahlen und Statistiken gefluteten Welt an mannigfaltigen Stellen von Bedeutung sind. Man denke beispielsweise an die Vorhersagekraft von Umfragen vor Wahlen. Das Einschätzen der Belastbarkeit von Daten ist daher eine essentielle Befähigung, und kann nur erfolgen, wenn die Genauigkeit angegeben bzw. hinterfragt wird. Auch wenn das dazu nötige mathematische Handwerkszeug im Sinne von Hypothesentests und Signifikanzniveaus erst in der Oberstufe erlangt

[3]Runde das Endergebnis so, dass die Anzahl der geltenden Ziffern des Ergebnisses identisch ist mit der niedrigsten Anzahl der geltenden Ziffern der Messgrößen.

wird, können Schüler bereits in niedrigeren Jahrgangsstufen für diese Problematik sensibilisiert werden.

2.5. Angestrebte Lernziele

Das in den vorangegangenen Abschnitten beschriebene Thema muss aufgrund des großen Umfangs stark didaktisch reduziert und die möglichen Lernziele nach einer Prioritätsliste selektiert werden, so dass die Unterrichtseinheit mit sechs bis sieben Schulstunden realisierbar ist. Zum Vergleich: der vollständige Kurs an der Cape Town Universität lief über ein komplettes Semester mit mehreren Wochenstunden und wurde mit Studierenden durchgeführt. Zudem ist auf eine altersgemäße Mathematisierung zu achten. Für die zu entwickelnde Unterrichtssequenz zum Thema „Messunsicherheiten“ wurden folgende Ziele identifiziert:

1. Die Schüler wissen, dass ein Messwert streng genommen ein Messintervall ist.

2. Die Schüler kennen Beispiele für Ableseunsicherheiten und innere Unsicherheiten.

3. Die Schüler geben einen Messwert inklusive Ableseunsicherheit in der Form $x \pm \Delta x$ für einfache Messskalen an.

4. Die Schüler kennen die Begriffe „relative“ und „absolute“ Unsicherheit und können diese beiden Größen umrechnen.

5. Die Schüler runden die Messunsicherheit nach vereinbarten Konventionen und geben das Gesamtergebnis mit der richtigen Ziffernzahl an. Beide Werte enden dabei auf derselben Dezimalstelle.

6. Die Schüler verstehen die „Min-Max-Methode“ als einfache Variante der Fortpflanzung von Unsicherheiten und wenden diese in Beispielen aus dem Schulalltag an.

7. Die Schüler bewerten die Aussagekraft eines Ergebnisses unter Heranziehung der Unsicherheiten.

8. Die Schüler erarbeiten die Faustregel zum Runden von Ergebnissen, indem diese auf Überlegungen aus der Arbeit mit Unsicherheiten zurückgeführt wird.

Da das Wissen um Messunsicherheiten in den Stunden des Profilbereichs vermittelt werden soll, ergibt sich die Freiheit der Jahrgangsstufenwahl. Da es grundsätzlich sinnvoll ist, dieses basale Wissen frühzeitig zu vermitteln, wird die Unterrichtseinheit in einer achten und einer neunten Jahrgangsstufe durchgeführt und evaluiert. Das mathematische Handwerkszeug ist in beiden Jahrgangsstufen bereits vorhanden, und in beiden finden sich genügend praktikable Beispiele und Experimente.

Damit eng verbunden ist folgende Frage: *Ist die Einführung in einer der beiden Jahrgangsstufen sinnvoller?* Diese Frage wird anhand der Qualität der Evalutionsergebnisse beantwortet werden.

Die entwickelte Unterrichtseinheit verzichtet auf die statistische Auswertung von Messdaten, da einerseits die Stichprobengröße der Messwerte bei fast allen Schulexperimenten zu klein ist und die Mathematik dahinter schnell zu anspruchsvoll für die Mittelstufe wird. Aus demselben Grund wird die Min-Max-Methode als einfachste Variante der Fortpflanzung von Messunsicherheiten verwendet.

Die vorgeschlagenen Rundungskonventionen für die Messunsicherheit (Sie wird immer aufgerundet. Sie wird mit einer gültigen Ziffer angegeben. Messergebnis und Messunsicherheit enden auf derselben Dezimalstelle.) sind im Laboralltag üblich und werden z.B. auch in der Hochschullehre in dieser Form vermittelt. Lediglich über die Anzahl der gültigen Ziffern, mit der die Unsicherheit anzugeben ist, gibt es unterschiedliche Meinungen und Konventionen. Die hier verwendete Vereinbarung erscheint für den schulischen Alltag sinnvoll und ausreichend.

Da die Inhalte dieses Projekts mathematisch relativ einfach sind, bietet es sich an, die Schüler Teile des Inhalts selbständig erarbeiten zu lassen. Im Gegensatz zu den Begriffsdefinitionen, die in einer lehrerzentrierten Einheit erfolgen müssen, könnte die Min-Max-Methode in einer sehr offenen Unterrichtseinheit entdeckt werden: *Gelingt es den Schülern, die Grundzüge der mathematischen Beschreibung der Fortpflanzung von Messunsicherheiten selbst zu entwickeln?* Auch diese Frage wird durch einen Vergleich der Qualität der entsprechenden Schülerarbeiten beantwortet werden.

Kapitel 3. Beschreibung der Unterrichtssequenz

3.1. Zeitliche Konzeption der Unterrichtssequenz

Die Unterrichtssequenz wurde grundsätzlich mit insgesamt sechs Unterrichtsstunden veranschlagt. Die ersten beiden Stunden dienen dabei dem Einstieg und der Vermittlung der basalen Begriffe sowie der wichtigsten Rundungsregeln. Im Anschluss können die Schülerexperimente „Innere Unsicherheiten und Ableseunsicherheiten" vor der Fortpflanzung von Messunsicherheiten durchgeführt werden. Im Rahmen der Durchführung und der im folgenden Kapitel beschriebenen Evaluation des Unterrichtsprojektes wurde die Unterrichtssequenz ohne diese zusätzliche Einheit durchgeführt, da diese aus zeitlichen und räumlichen Gründen nicht in den Stundenplan der Klassen integriert werden konnte.

Die Stunden drei und vier der Sequenz sind der Fortpflanzung von Messunsicherheiten gewidmet und behandeln dies mittels der Min-Max-Methode. In einer der beiden Stunden werden die Grundideen der Fortpflanzung von Messunsicherheiten systematisch behandelt und in verschiedenen Beispielen vertieft, in der anderen Stunde wird diese Methode im Rahmen eines Wettbewerbs angewendet. Die Reihenfolge dieser beiden Stunden wird für die beiden Klassen vertauscht, um der Frage nachgehen zu können, inwieweit die Schüler diese Methode in einer sehr offenen Form selbständig entdecken können.

In den letzten beiden Stunden findet eine Festigung und Übung des Erlernten statt. Nach der fünften Einheit, in der zum Beispiel auch die sogenannte Rundungsfaustregel hinterfragt wird, folgt in der letzten Stunde ein Lernzirkel. Dabei sind die Inhalte der einzelnen Stationen so ausgewählt, dass sie gleichermaßen zur Zusammenfassung der Unterrichtseinheit als auch zur Überprüfung der Lernziele herangezogen werden können.

3.2. Klassensituation

Die Klasse 9b besucht den naturwissenschaftlich-technischen Zweig eines Gymnasiums im Münchner Umland. Das Leistungsspektrum kann als für die Jahrgangsstufe durchschnittlich angesehen werden, die Mitarbeit insgesamt zufriedenstellend. Der Physikunterricht findet in dieser Klasse am Montag und Freitag (jeweils 5. Stunde) in einem typischen Physiksaal mit Treppe statt, wohingegen sich die Klasse am Mittwoch in der 7. und 8. Stunde in halber Klassenstärke in einem Übungsraum einfindet. Diese Nachmittagsstunden, die ergänzend mit dem Chemieunterricht stattfinden, bieten sich für stark schülerzentrierte Einheiten und Schülerexperimente an. Aufgrund dieser Möglichkeit wurde der Startpunkt der Unterrichtseinheit so gelegt, dass die dritte und sechste Stunde der Sequenz jeweils auf einen Mittwoch fiel.

Auch die Klasse 8d besucht den naturwissenschaftlich-technischen Zweig desselben Gymnasiums. Sie erweist sich als etwas leistungsschwächer, die Mitarbeit ist der Jahrgangsstufe angemessen und durchschnittlich. Der Unterricht findet ebenfalls am Montag, Mittwoch und Freitag in einem ebenen Physikübungsraum statt. Leider gibt es hier keine Stunden mit halbierter Klasse, allerdings ist dies aufgrund der geringeren Klassenstärke kein Hindernis für die Durchführung des Unterrichtskonzepts.

3.3. Inhaltliche Konzeption der Unterrichtssequenz

Im Folgenden werden die Inhalte und Methoden der einzelnen Stunden des Projekts erläutert. Die verwendeten Arbeitsblätter und eine digitale Version des Hefteintrags finden sich im Anhang ab Seite. 63. Diese Materialien wurden mit kleinen, der Unterrichtssituation geschuldeten Abweichungen in beiden Klassen in der vorliegenden Form verwendet. Kursiv eingefügte Textpassagen des Hefteintrags stellen dabei Schlüsselfragen oder wichtige Kommentare dar.

1. Stunde – Ableseunsicherheiten

Beginnend in einem Lehrer-Schüler-Gespräch wird die Bedeutung des Experiments für die Erkenntnisgewinnung in den Naturwissenschaften, insbesondere der Physik, erarbeitet. Die Schüler werden ermuntert, ihnen bekannte Experimente kurz zu wiederholen und die Absicht dieses Experiments darzustellen. Dabei sollten erfahrungsgemäß auch Beispiele aus der Kategorie „Bestätigung eines Literaturwerts“ und die Aussage „da kam damals ein falscher Wert raus“ geäußert werden. Die Unterscheidung beziehungsweise die Differenz zwischen dem „wahren Wert“ und dem „Messwert“ wird dabei als Ausgangspunkt für die verschiedenen Arten der Unsicherheiten innerhalb einer

Messung betont.

Zur Motivation der Ableseunsicherheit dient eine einfache Tellerwaage mit drei identischen Referenzmassen und einer unbekannten Masse. Die Idee des Messintervalls anstelle des Messwerts soll so anschaulich gemacht werden, da der Experimentator nur sicher sagen kann, dass die unbekannte Masse zwischen den beiden Randwerten liegen muss. Dass die Angabe der Mitte eines solchen Messintervalls als Bestwert ohne Angabe der Intervallgrenzen eine völlig andere Aussage über die Beobachtung im Experiment macht, sollte anhand dieses einfachen Experiments gut nachvollziehbar sein.

Während bei der Tellerwaage die Grenzen des Messintervalls bestimmt und der Bestwert errechnet wird, findet sich beispielsweise bei der Spannungsmessung mit einem Digitalvoltmeter[1] der umgekehrte Ansatz, da das Gerät den Bestwert direkt anzeigt und die Grenzen des Messintervalls nur über Rundungsüberlegungen gefunden werden können. Dies kann sehr schön verdeutlicht werden, indem eine Spannung von etwa $U = 3,0\text{V}$ an einer Glühlampe angelegt und die Genauigkeit des Voltmeters auf 1V eingestellt wird. Ein kleines Verändern der Spannung um etwa $\Delta U = 0,4\text{V}$ am Netzgerät wird dadurch als

[1] Das Digitalvoltmeter ist in beiden Jahrgangsstufen bereits bekannt. Auf komplexere Geräte wurde bewusst verzichtet, um nicht vom Wesentlichen abzulenken. Die Tellerwaage kann als intuitiv verständlich angesehen werden.

Helligkeitsveränderung der Lampe sichtbar, jedoch vom Voltmeter noch immer als $U = 3$V angezeigt. Erst die Wahl eines genaueren Messbereichs liefert weitere Informationen über den genauen Spannungswert.

Abschließend wird das Digitalvoltmeter durch ein analoges Zeigergerät ersetzt und die Ableseunsicherheit aufgrund des Abschätzens zwischen den Skalierungsstrichen oder des Betrachtungswinkels diskutiert. An dieser Stelle muss betont werden, dass die Bestimmung der Ableseunsicherheit bei einem solchen Gerät nicht stur nach einer Regel – wie z.B. bei einer Digitalanzeige – erfolgt, sondern jene situativ sinnvoll geschätzt werden muss. Die Schüler erhalten abschließend ein Arbeitsblatt zum Thema Ableseungenauigkeit, in dem sie mit verschiedenen Schwierigkeiten und Fällen konfrontiert werden. Dieses wird in Zweierteams bearbeitet. Einzelne Schüler tragen zum Schluss ihre Ergebnisse auf einer projizierten Folie ein und ein Vergleich mit den Ergebnissen der Mitschüler erfolgt.

2. Stunde – Innere Unsicherheiten

Nach einer Wiederholung wird das Datenblatt des verwendeten Voltmeters als stummer Impuls den Schülern gezeigt. Die Schüler sollen den „Sinn und Zweck“ der Tabelle in eigene Worte fassen sowie die für das Experiment relevanten Daten herauslesen. Nach einer Klärung des Begriffs „innere Unsicherheiten“

sowie möglichen Ursachen – der Lehreranteil ist hier abhängig von der Kreativität der Schüler – werden die Begriffe der absoluten und relativen Unsicherheit definiert und am bekannten Beispiel der Spannungsmessung angewendet.

Um einen Messwert inklusive der Unsicherheit sinnvoll angeben zu können, müssen die Konventionen zur Angabe von absoluten Unsicherheiten (eine gültige Ziffer; immer aufrunden) anhand verschiedener Beispiele systematisch erarbeitet werden. Dabei wird zunächst die Messunsicherheit in verschiedenen Fällen gerundet, bevor die Anpassung von Messwert und Messunsicherheit auf dieselbe gültige Dezimalstelle in Beispielen mit ansteigendem Komplexizitätsgrad besprochen wird. Da vor allem das Aufrunden entgegen der mathematischen Gewohnheit ($1,2\text{V} \approx 2\text{V}$) für anfängliches Unverständnis sorgen wird, muss diese Konvention anhand sinnvoller Alltagsbeispiele motiviert und bei den ersten Rechenschritten vom Lehrer begleitet werden.

Zur weiteren Festigung erhalten die Schüler ein Tandem mit Aufgaben zum Runden von Messunsicherheiten und dem richtigen Anpassen von Messwert und Messunsicherheit. Die Aufgaben behandeln verschiedene Varianten und besitzen einen zunehmenden Schwierigkeitsgrad. Dieses Aufgabenformat ist bei den Schülern beliebt und wird mit dem Partner bearbeitet.

Zum Schluss der Stunde soll der Unterschied zwischen Ableseunsicherheit und Mess-unsicherheit noch einmal von einem

Schüler in Worte gefasst werden. Als Hinführung auf die Folgestunde erfolgt hier der Lehrerimpuls, wie denn nun mit diesen beiden Unsicherheiten umzugehen sei, da ja beide von Bedeutung sind.

Optionale Stunde: Schüler-Experimente zu „Innere Unsicherheiten und Ableseunsicherheiten"

Die Schüler erhalten Blatt 1 des Dokuments, welches allgemeine Arbeitsanweisungen enthält. Durch den relativ geringen Material- und Gerätebedarf kann diese Einheit auch mit einer ganzen Klasse durchgeführt werden. Das Experimentierzubehör inklusive der Anweisungen können auf den Tischen vorbereitet oder ausgeteilt werden. Je nach Experimentiererfahrung das Klasse können in 45 Minuten drei der folgenden Experimente durchgeführt werden.

Im Experiment 1 erhalten die Schüler einen Kraftmesser sowie drei Probekörper, wobei zwei davon die Skala des Kraftmessers fast komplett ausnutzen. Die Schüler erleben die Ableseunsicherheit, auch bedingt durch das Wackeln des eigenen Arms. Verbesserungsvorschläge, z.B. die Verwendung eines Stativs können aufgegriffen werden. Die Schüler begreifen anhand des sehr leichten und des sehr schweren Probekörpers, dass die Ableseunsicherheit sich hier prozentual unterschiedlich bemerkbar macht und sollen sich für jede Messung für den relevanten Unsicherheitsfaktor entscheiden.

Die Messung der Fallzeit in Experiment 2 führt den Schülern mehrere messtechnische Schwierigkeiten vor Augen: das genaue Festlegen der Fallstrecke, die Abstimmung von Loslassen und Startpunkt der Messung. Auch wenn die Ableseunsicherheit und die innere Unsicherheit bei dieser Messung formal ermittelt werden kann, sollten die Schüler bereits anhand ihrer drei doch meist recht unterschiedlichen Messergebnisse feststellen, dass die eigentliche Ungenauigkeit dieses Experiments in der Durchführung zu suchen ist.

Experiment 3 ergänzt eine weitere übliche Angabe für innere Unsicherheiten: das „digit“. Die verwendete Waage besitzt dabei keine Zehntelstelle, wodurch die Angabe ± 1 dgt identisch zu ± 1 g ist. Die verwendeten Massen bewegen sich von $m = 10\,\mathrm{g}$ bis $m = 150\,\mathrm{g}$. Dadurch treten die Ableseunsicherheit sowie die relative Messunsicherheit bzw. die Digit-Angabe unterschiedlich stark zu Tage.

Die Bestimmung der Spannung in Experiment 4 kann mit einen Analog- oder Digitalvoltmeter erfolgen. Soweit möglich können beide Messgeräte verwendet werden, so dass die Schüler das Erlernte auf eine weitere Situation anwenden.

3. und 4. Stunde – Fortpflanzung von Messunsicherheiten

Für die Klasse 9b findet Teil 1 vor Teil 2 statt, für die Klasse 8d wird die Reihenfolge umgedreht.

Teil 1

Die Schüler arbeiten in Kleingruppen (3-4) und sollen eine sinnvolle und mathematisch nachvollziehbare Prognose abgeben, wie viele M&Ms sich in einer Tüte (ca. 190g) befinden. Das Team, bei dem der wahre Wert der M&Ms-Anzahl im berechneten Intervall liegt und gleichzeitig die angegebene Unsicherheit des Ergebnisses das kleinste Intervall – verglichen mit den Angaben der anderen Teams – beschreibt, gewinnt am Ende der Stunde die komplette Tüte M&Ms. Ein blindes Raten der Messunsicherheit disqualifiziert bei der Gewinnermittlung [Siegel, 2007].

Jeder Gruppe steht dabei eine identische Digitalwaage (Messunsicherheit $\Delta m = 0,1\,\mathrm{g}$), eine leere M&Ms-Tüte sowie fünf einzelne M&Ms zur Verfügung. Die Masse der vollen verschlossenen Tüte wird zu Beginn im Lehrer-Schüler-Experiment bestimmt und der Messwert an der Tafel notiert. Alle weiteren Messungen und Berechnungen finden ohne Lehrereinfluss in den Kleingruppen statt. Die „Spielregeln“ sowie einige Hinweise finden die Schüler auch auf einlaminierten Karten.

Nach einer Arbeitsphase von ca. 25 Minuten, in der die Schüler ihren Rechenweg sowie das Ergebnis auf einer Folie notieren, stellen die einzelnen Gruppen ihre Lösung mit Lösungsweg vor. Nach dem Öffnen der Tüte und dem Zählen der M&Ms durch den Lehrer[2] erfolgt die Siegerprämierung.

Teil 2

Als Einstieg zur systematischen Erarbeitung der mathematischen Beschreibung der Fortpflanzung von Messunsicherheiten wird das Beispiel „Pausenverkauf" zu Beginn der Stunde projiziert. Die Schüler erkennen, dass die Unsicherheiten der einzelnen Messungen sich zum Ergebnis hin addieren oder auch aufheben können. Durch diese Erkenntnis soll die Sinnhaftigkeit des Größtfehlers[3] („Min-Max-Methode") verdeutlicht werden. In der Klasse 9b kann je nach Verlauf der Vorstunde der Lösungsweg einzelner Schüler aufgegriffen werden.

Nach einer kurzen Sicherung der Begrifflichkeiten wird die Min-Max-Methode an einem praktischen Beispiel erläutert, indem die Schüler zunächst Länge und Breite ihres Pults vermes-

[2]Der Objektivität wegen muss der Lehrer die Zählung durchführen. Es ist sinnvoll, pro Gruppe genau einen Schüler als „Zeugen" ans Lehrerpult zu holen.

[3]Wie zuvor beschrieben ist im Rahmen der Schulphysik eine Behandlung anderer mathematischer Beschreibungen der Fortpflanzung nicht sinnvoll.

sen, die Ableseunsicherheiten schätzen und den Oberflächeninhalt O dieses Rechtecks berechnen. Die Berechnung von O_{max} und O_{min} sollte von den Schüler leicht selbst erkannt werden, die Definition des Größtfehlers $\Delta O = \frac{O_{\mathrm{max}} - O_{\mathrm{min}}}{2}$ erfolgt durch den Lehrer.

Das zweite Beispiel (Berechnung des Widerstandwerts) erfolgt als „Think-Pair-Share". Dass für einen maximalen Widerstand die minimale Stromstärke im Nenner des Bruchs zu stehen hat, dürfte nicht von allen Schülern auf Anhieb erkannt werden. Eine zusätzliche Schwierigkeit findet sich bei Formeln, welche eine Differenz beinhalten. Dieser Fall wird den Schülern als kleine Knobelaufgabe gestellt: „Überlegt euch einen Term, bei dem eine ähnliche Schwierigkeit wie bei dem Bruchterm von vorhin auftritt, und man nicht stur die minimalen und maximalen Messwerte einsetzen kann!" Die Schülerbeispiele werden zusammengetragen und abschließend diskutiert.

5. Stunde – Anwendungen der Messunsicherheiten

Nach einer kurzen Rekapitulation der Vorstunde wird die Bedeutung der Messunsicherheit an drei Beispielen verdeutlicht. Die Faustregel zur Bestimmung der Distanz zum Einschlagort eines Blitzes dürfte den Schülern bekannt sein und dient als Einstieg zur ersten Aufgabe. In diesem – mathematisch sehr einfachen – Beispiel erkennen die Schüler, dass die Angabe der Unsicherheit einen wichtigen Einfluss auf die Aussagekraft des Ergebnisses hat und nur unter Angabe dieser eine Bestätigung oder Widerlegung des Vergleichswerts erfolgen kann.

Da die Bestätigung von bereits bekannten Werten teilweise wenig spannend erscheint, wird in der zweiten Aufgabe ein fiktiver Streit zwischen verschiedenen Forschergruppen erzählt: Diese versuchen die Halbwertszeit τ_g des unbekannten Elements Gemsium[4] mit verschiedenen Methoden zu bestimmen, präsentieren ihre Ergebnisse und sind sich uneins, wer nun recht hat. Dies soll innerhalb einer Schülerdiskussion mit gelegentlichen Lehrerimpulsen debattiert werden.

Zuletzt wird die den Schülern bekannte „Faustregel“ zum Runden des Ergebnisses hinterfragt. Dies wird mittels eines Arbeitsblatts in einzelnen Schritten beschrieben und kann von den Schülern in Partnerarbeit durchgeführt werden. Eine abschließende Sicherung erfolgt in Form einer kurzen Diskussion.

6. Stunde – Lernzirkel

In der letzten Stunde des Projekts bearbeiten die Schüler in Kleingruppen die vier Stationen eines Lernzirkels. Dieser erfüllt dabei eine Doppelrolle, da die Inhalte einerseits der Zusammen-

[4] Hier hat sich ein Schüler verewigt.

fassung, andererseits aber auch der Überprüfung der gesteckten Lernziele dienen.

Station 1: Diese behandelt die Anwendung der Rundungsregeln für Messunsicherheiten sowie die sinnvolle Darstellung des gesamten Ergebnisses. Anhand der verwendeten Aufgaben werden folgende Kompetenzen abgeprüft:[5] A1 – Aufrunden der MU. A2 – Runden der MU auf eine gültige Ziffer. A3 – ME und MU schließen auf derselben Dezimalstelle ab (einfacher Fall ohne Kommaverschiebung). A4 – ME und MU schließen auf derselben Dezimalstelle ab (schwieriger Fall mit Kommaverschiebung).

Station 2: Innerhalb einer Textaufgabe soll ein Ergebnis bewertet werden: B1 – MU korrekt berechnet. B2 – MU richtig gerundet. B3 – Ergebnis sinnvoll interpretiert.

Station 3: Die Schüler führen ein einfaches Experiment (in Anlehnung an den Oberflächeninhalt des Pults) durch und werten ihre Messdaten unter Berücksichtigung der Unsicherheiten aus: C1 – MU der Längenmessung ist sinnvoll. C2 – Korrekte Volumenberechnung. C3 – Korrekte Berechnung von ΔV. C4 – Vollständige und korrekte Angabe des Ergebnisses.

[5]ME = Messergebnis, MU = Messunsicherheit

Station 4: Die Genauigkeit der Steigung einer Geraden durch ein Steigungsdreieck wird diskutiert. Neben der überfachlichen Motivation sollen die Schüler hier mithilfe der Messunsicherheiten argumentieren und die Genauigkeit eines Ergebnisses bewerten. D1 – Steigung ist korrekt berechnet. D2 – MU der Steigung wird bestimmt. D3 – Sinnvolle Deutung von ME und MU.

Für jede Station sind 10 Minuten Bearbeitungszeit veranschlagt, auf den Stationenwechsel wird rechtzeitig hingewiesen. Nach Abschluss werden die Bögen, auf denen die Schüler ihre Ergebnisse und Rechnungen eintragen, eingesammelt und durch den Lehrer im Rahmen der Evaluation beurteilt. Nach der Bewertung erhalten die Schüler der einzelnen Gruppen in der Folgestunde ein kurzes Feedback über die Qualität ihrer Arbeit.

Kapitel 4. Evaluation und Ausblick

4.1. Ablauf des Projekts in den beiden Klassen

4.1.1. Klasse 9b

Insgesamt konnte das Projekt in der veranschlagten Zeit gut durchgeführt werden. Das Bestimmen der Ableseunsicherheit sowie die Rundungsproblematik bei Digitalanzeigen war den Schülern schnell klar. Dass bei einer Analoganzeige die Unsicherheit geschätzt werden muss und es daher nur sinnvolle Lösungen, aber keine verbindliche Musterlösung gibt, überraschte die Schüler. Das Arbeitsblatt in der ersten Stunde wurde zügig und ohne größere Schwierigkeiten gelöst, lediglich bei der letzten Teilaufgabe wurde etwas länger diskutiert, welche Lösung nun richtig sei.

Die Berechnung von absoluten und relativen Messunsicherheiten bereitete den Schülern keine Probleme. Die Rundungskonventionen hingegen benötigten eine mehrfache Erklärung. Während die Schüler schnell akzeptierten, dass die Unsicherheit auf eine Ziffer gerundet wird, war das stete Aufrunden entgegen der mathematischen Gewohnheit den Schülern zunächst suspekt, konnte jedoch anhand einiger sinnvoller Beispiele erklärt werden.

Die M&Ms-Stunde zeichnete sich durch eine sehr gute und intensive Schüleraktivität aus und erzeugte ein sehr positives Echo. Die zeitliche Planung ging perfekt auf, eine inhaltliche Bewertung erfolgt im Abschnitt 4.2 ab Seite 47.

In der vierten Stunden äußerten die Schüler für die Fortpflanzung der Messunsicherheiten zunächst verschiedene Ansätze: Man berücksichtigt nur die größte Unsicherheit, man zählt alle zusammen o.ä. Das Konzept des Größtfehlers als Min-Max-Methode wurde von den Schülern schnell akzeptiert und erfolgreich angewendet. Lediglich bei den Bruchtermen oder den Differenzen war es einigen Schülern nicht intuitiv klar, warum der minimale oder maximale Wert einzusetzen ist. Anhand einfacher Zahlenbeispiele konnte diese Ungereimtheit jedoch schnell behoben werden (z.B. $\frac{3\pm1}{2\pm1}$).

Die Anwendung der Messunsicherheit bei der Beurteilung der

Aussagekraft eines Ergebnisses (Schallgeschwindigkeit) war den Schülern schnell einsichtig. An dieser Stelle meinte ein Schüler, warum man denn etwas messe, was man schon wisse. Dies ergab eine gelungene Überleitung zur zweiten Anwendung (Forscher). An dieser Stelle offenbarten sich größere Verständnisschwierigkeiten, als es darum ging, anhand der Messwerte mit Unsicherheit die Ergebnisse der einzelnen Forschungsgruppen zu vergleichen. Wiederholt meinten Schüler, man solle doch einfach den Mittelwert aus den verschiedenen Gruppen bilden, „das passt dann schon". Dies belegt, dass die Schüler die Messunsicherheit zwar als sinnvollen Teil einer Messung akzeptieren, jedoch bei der Bewertung des Ergebnisses die Unsicherheit weglassen. Dies deckt sich auch mit den Erkenntnissen von [Allie et al., 2003]. Auch als beim letzten Beispiel die „Faustregel" zum Runden von Ergebnissen motiviert und deren Sinnhaftigkeit nachgewiesen werden sollte, waren die Schüler leicht überfordert. Auch wenn es den Schülern klar war, dass Messunsicherheit und Rundungsregel eine tendenziell ähnliche Aussage lieferten („Das ist halt beides mal genauer, weil wir es mit mehr Stellen aufschreiben."), war eine konkretere Argumentation im Sinne der Überlagerung von zwei Messintervallen nicht möglich.

Der Lernzirkel am letzten Tag der Unterrichtseinheit war zeitlich machbar, wobei die Vorgabe von Zwischenzeiten sehr wichtig war. Die inhaltliche Bewertung dieser Stunde findet sich im Abschnitt 4.3 ab Seite 50.

4.1.2. Klasse 8d

Das Projekt verlief in der Klasse 8d in vielen Bereichen wie in der Klasse 9b. Die ersten beiden Stunden zur Ableseunsicherheit und den inneren Unsicherheiten bereiteten die Schülern keine Schwierigkeiten, die Rundungsregeln wurden wie in der 9b nach anfänglichen Problemen gut akzeptiert.

In dieser Klasse erfolgte die Einführungsstunde zur Fortpflanzung von Messunsicherheiten vor der M&Ms-Stunde. Anhand des Einstiegsbeispiels (Pausenverkauf) gelang es einigen Schülern sehr schnell, die Grundidee der Min-Max-Methode zu verstehen und in eigene Worte zu fassen. Bei den nachfolgenden Übungsbeispielen traten mit zunehmendem Schwierigkeitsgrad ähnliche eher mathematische Probleme bei einzelnen Schülern auf, welche jedoch zum Teil von Mitschülern geklärt werden konnten. Der in der Folgestunde durchgeführte Wettbewerb mit dem M&Ms war wie schon in der Klasse 9b ein voller Erfolg. Die ausführliche inhaltliche Bewertung folgt in Abschnitt 4.2.

Die vorletzte Stunde zur Anwendung der Messunsicherheiten war für viele Schüler kognitiv sehr herausfordernd. Auch wenn die Schüler ein Ergebnis mit einer Unsicherheit angeben konnten, wurde dies nicht als Ergebnisintervall verstanden. Aus diesem Grund beschränkten sich die Schüler bei ihren Argumentationen auf das Ergebnis und blendeten die Unsicherheit aus. Gerade bei dem Beispiel der Forschergruppe war es den Schülern nicht einsichtig, dass zwei unterschiedliche Messergebnisse aufgrund der Unsicherheit sich nicht gegenseitig widersprechen müssen.

Der abschließende Lernzirkel konnte in der geplanten Unterrichtsstunde (Freitag 6. Stunde) nur schwer durchgeführt werden, da diese mit 40 Minuten kürzer und das Arbeitstempo der Schüler langsamer war als geplant. Die inhaltliche Bewertung dieser Stunde findet sich im Abschnitt 4.3.

4.2. Qualität der M&Ms-Schätzung

Die Schüler sollten anhand ihrer Einzelmessungen eine Prognose über die Anzahl der M&Ms in einer verschlossenen Tüte mit Angabe einer Messunsicherheit machen. Die Arbeit erfolgte in Gruppen mit 3-4 Schülern und war in beiden Klassen in der vorgegebenen Zeit gut durchführbar. Die Lösungen der Schüler wurden eingesammelt und anschließend das Siegerteam ermittelt.

Die von den Schülern erstellten Folien wurden im Folgenden hinsichtlich der Qualität von Rechnungen und Überlegungen bewertet. Neben der korrekten Angabe der einzelnen Messgrößen (Kompetenzstufe M1) sowie der Entwicklung einer Lösungsformel und der Berechnung der Anzahl (M2) wurde das Verfahren der Schüler zur Bestimmung der Unsicherheit des Ergebnisses analysiert. Ein sinnvoller und nachvollziehbarer Gedankengang, der jedoch nicht alle Aspekte korrekt berücksichtigte, wurde der Stufe M3 zugeordnet, eine perfekte Lösung im Sinne der Min-Max-Methode wurde als M4 gewertet.

4.2.1. Klasse 9b

Alle acht Gruppen der Klasse 9b gaben die Messwerte inklusive der Unsicherheit der Waage korrekt an (M1), überlegten sich eine Formel zu Berechnung der Stückzahl und errechneten einen korrekten Wert (M2). Allerdings gelang es nur drei Gruppen, einen sinnvollen wenn auch nicht kompletten Ansatz zur Berechnung der Fortpflanzung der Unsicherheiten zu entwickeln (M3). Diese berücksichtigten zum Beispiel nur die Unsicherheit der Einzelmessungen der M&Ms. Eine vollständige Lösung (M4) gelang niemandem, zudem wurde die Messunsicherheit in einigen Gruppen mehr durch Raten und Mehrheitsentscheid festgesetzt als berechnet[1]. Auch wenn deren Werte allesamt in einem sinnvollen Rahmen lagen, hätten diese nach den Regeln für die Preisvergabe disqualifiziert werden müssen; glücklicherweise gewann eine der Gruppen mit nachvollziehbarem Rechenweg.

[1]Auch in einer Gruppe mit zwei Schülern mit (sehr) guten Leistungen in Mathematik und Physik war dies der Fall.

Zusammenfassend lässt sich sagen, dass die Schüler die innere Unsicherheit des Messgeräts erkannten und notierten, und einen sinnvollen Bestwert für die M&Ms-Anzahl berechneten. Jedoch gelang es den meisten nicht, die Verknüpfung der verschiedenen Unsicherheiten selbständig in einen mathematischen Ausdruck zu übersetzen.

4.2.2. Klasse 8d

Von den sechs Gruppen lieferten fünf gute bis sehr gute Ergebnisse ab. Leider hatte sich eine Gruppe bis kurz vor Ende der Bearbeitungszeit noch kaum Notizen gemacht und keine Überlegungen zu Papier gebracht, so dass in der verbleibenden Zeit keine sinnvolle Lösung mehr abgegeben werden konnte. Von den verbleibenden fünf Gruppen hatten vier das M&Ms-Problem fehlerfrei nach der Min-Max-Methode gelöst und eine sinnvolle Lösung errechnet (M1 – M4). Die letzte Gruppe erreichte die letzte Kompetenzstufe nicht ganz (M1 – M3), da die Messunsicherheit der Masse der leeren Tüte nicht mit einberechnet worden war.

Die sehr guten Ergebnisse für die Klasse 8d im M&Ms-Wettbewerb zeigen, dass die in der Vorstunde eingeführte Min-Max-Methode von den Schülern gut aufgenommen wurde und angewendet werden konnte.

4.3. Erreichbarkeit der Lernziele

Der zuvor beschriebene Lernzirkel wurde in der veranschlagten Zeit durchgeführt. Die Schüler arbeiteten in Gruppen von 3-4 und notierten ihre Lösungen auf einem dafür erstellten Bogen, der anschließend eingesammelt und nach den in Abschnitt 3.3 auf Seite 39 beschriebenen Kriterien bewertet wurde.

4.3.1. Klasse 9b

Tabelle 4.1 zeigt die Ergebnisse für die Klasse 9b im Überblick. Die Daten belegen, dass die angestrebten Lernziele im Großen und Ganzen erreicht wurden.[2]

Das Runden von Messunsicherheiten und die sinnvolle Angabe von Messwert und Unsicherheit (Station 1) wurde von sechs der acht Gruppen in den einfacheren Fällen gemeistert (A1 – A3), lediglich bei den schwierigeren Fällen (Kommaverschiebung) sank der Anteil der erfolgreichen Schüler auf 3/8 ab (A4). Beim Bewerten von Messergebnissen (Station 2) wurden die entsprechenden Größen zwar von fast allen Schülern

[2]Eine Angabe von z.B. $87,5\%$ suggeriert strenggenommen eine nicht vorhandene Genauigkeit der Messdaten und verstößt damit gegen die in dieser Arbeit beschriebenen Prinzipien. Der besseren Lesbarkeit wegen wird der relative Anteil der Gruppen trotzdem in der Prozentschreibweise notiert; der geschätzte Leser möge dies bei der Interpretation der Daten sinnvoll berücksichtigen.

Station 1		Station 2		Station 3		Station 4	
A1	75%	B1	87,5%	C1	75%	D1	87,5%
A2	75%	B2	50%	C2	87,5%	D2	50%
A3	75%	B3	37,5%	C3	75%	D3	25%
A4	37,5%			C4	37,5%		

Tabelle 4.1.: Übersicht zu den erreichten Kompetenzstufen in der Klasse 9b. Die Prozentwerte entsprechen dem Anteil der Gruppen, die eben diese Stufe erreicht haben.

korrekt berechnet (B1), jedoch liegt der Anteil der richtig gerundeten Ergebnisse (B2) in dieser Anwendungsaufgabe niedriger als noch in Station 1; das Bewerten der Ergebnisse fiel erfahrungsgemäß am schwersten (B3). Die Durchführung und Auswertung des Experiments (Station 3) verlief bei fast allen Schülern sehr erfolgreich: Die Längen wurden inklusive Messunsicherheit bestimmt (C1) und das Volumen (C2) mit Größtfehler (C3) berechnet. Nur die Angabe des Gesamtergebnisses (C4) war zum Teil unvollständig oder fehlerhaft, was auch an der Zeitvorgabe liegen kann. Auch das Argumentieren mit Messunsicherheiten fiel einem Teil der Schüler schwer. Nachdem die Steigung korrekt bestimmt worden war (D1), gelang es nur der Hälfte der Schüler, die Unsicherheit der Steigung korrekt zu ermitteln (D2). Eine vollständige Schlussfolgerung (D3) war nur bei zwei der acht Gruppen zu finden.

Insgesamt zeigen die im Rahmen des Lernzirkels gewonnenen Daten, dass der Großteil der Schüler der Klasse 9b die Grundfertigkeiten im Umgang mit Messunsicherheiten beherrscht, die Anwendung und das Argumentieren damit jedoch noch schwer fällt. Die angestrebten Lernziele konnten damit im Großen und Ganzen erreicht werden.

4.3.2. Klasse 8d

Der einfachste Fall (A1) von Station 1 wurde von fünf der sechs Gruppen richtig gelöst, für die anspruchsvolleren Fälle (A2 – A4) sank der Anteil kontinuierlich ab, wobei der schwierigste Fall (Kommaverschiebung) von keiner Gruppe mehr bewältigt werden konnte. Beim Bewerten von Messergebnissen (Station 2) zeigt sich eine ähnliche absteigende Tendenz von 4/6 für B1 hin zu 1/6 bei B3. Die Durchführung und Auswertung des Experiments (Station 3) verlief bei etwa der Hälfte der Schüler erfolgreich: Die Längen wurden inklusive Messunsicherheit bestimmt (C1) und das Volumen (C2) mit Größtfehler (C3) berechnet. Die Angabe des Gesamtergebnisses (C4) war nur bei einer Gruppe nicht unvollständig oder fehlerhaft, was auch an der etwas knapperen Zeitvorgabe liegen kann (40-Minuten-Stunde).

Das Argumentieren mit Messunsicherheiten in Station 4 scheiterte zunächst beinahe an einem rein mathematischen Pro-

Station 1		Station 2		Station 3		Station 4	
A1	83,3 %	B1	66,7%	C1	83,3%	D1	66,7%
A2	50 %	B2	50%	C2	66,7%	D2	33,3%
A3	33,3%	B3	16,7%	C3	50%	D3	16,7%
A4	0 %			C4	16,7%		

Tabelle 4.2.: Übersicht zu den erreichten Kompetenzstufen in der Klasse 8d. Die Prozentwerte entsprechen dem Anteil der Gruppen, die eben diese Stufe erreicht haben.

blem: Obwohl die Bestimmung der Geradensteigung anhand zweier vorgegebener Punkte in der 8. Klasse ausführlich behandelt worden war, konnte die komplette Klasse diese leichte mathematische Aufgabe zunächst nicht lösen. An dieser Stelle musste der Lehrer bei den betreffenden Gruppen eingreifen, um eine Bearbeitung der Aufgabe überhaupt erst möglich zu machen. Nach dieser Intervention gelang es immerhin vier von sechs Gruppen, die Steigung korrekt für beide Dreiecke zu bestimmen (D1). Nur zwei der Gruppen waren in der Lage, die Unsicherheit der Steigung ansatzweise zu berechnen, und nur eine Gruppe schaffte eine vollständige Argumentation.

Die Bewertung dieses Lernzirkels zeigt, dass die Mehrheit der Schüler der Klasse 8d die Grundfertigkeiten im Umgang mit Messunsicherheiten beherrscht, wohingegen diese bei den anspruchsvolleren Beispielen oder den Anwendungs- und Argumentationsaufgaben zum Teil überfordert waren. Damit wurden die Lernziele mit kleineren Abstrichen auch in dieser Klasse erreicht.

4.4. Ein Vergleich

Der geplante zeitliche Umfang war in beiden Klassen ausreichend, um das Projekt „Sicherer Umgang mit Messunsicherheiten" erfolgreich durchzuführen. Die gewählten Anwendungsbeispiele und die benötigte Physik war den Schülern beider Jahrgangsstufen bekannt, lediglich bei der Berechnung der Geradensteigung zeigte sich die Schwäche der Klasse 8d.

Während die Schüler der neunten Klasse die Grundzüge der Fehlerfortpflanzung selbst entdecken und im Wettbewerb M&Ms anwenden sollten, erhielten die Schüler der 8d eine Einführung zu diesem Thema und sollten das Erlernte im Spiel dann verwenden. Die von den Schülern der 9b entwickelten Ansätze bzw. das Fehlen dieser zeigt, dass die Schüler mit der Komplexität und dem Offenheitsgrad überfordert waren. Auch wenn der Arbeitswille in dieser Stunde spürbar war, gelang es selbst überdurchschnittlich guten Schülern nur teilweise, diese Aufgabe zu meistern. Die Überlegungen und Berechnungen der 8d sind bis auf eine Ausnahme positiv zu werten. Berücksichtigt man noch, dass die Klasse 9b als leistungsstärker zu werten ist, so ist dies ein deutlicher Beleg dafür, dass das Entdecken der Fortpflanzung der Messunsicherheiten und deren mathematische Beschreibung durch die „Min-Max-Methode“ – unabhängig von der Jahrgangsstufe – nicht im ausreichenden Maße möglich ist und daher auf eine zu offen gestaltete Lernform an dieser Stelle verzichtet werden sollte. Für eine spätere Durchführung dieses Projekts wäre es überlegenswert, die offene Variante mit einer sehr leistungsstarken und höheren Klasse nochmals zu erproben.

Die Ergebnisse des Lernzirkels der beiden Klassen zeigen einen leichten Unterschied zwischen den beiden Klassen, wobei das tendenziell schwächere Abschneiden der 8d nicht verwundert: Neben dem nahenden Notenschluss fällt ins Gewicht, dass die 8d ein grundsätzlich schwächeres Leistungsspektrum aufweist, und die Klasse 9b aufgrund ihres höheren Alters unter anderem souveräner im Umgang mit Formeln ist.

Zusammenfassend lässt sich sagen: „Sicherer Umgang mit Messunsicherheiten“ kann in den Jahrgangsstufen acht und neun sinnvoll in den Profilbereich des naturwissenschaftlich-technischen Gymnasiums eingebettet werden und so das Verständnis um das Messprinzip in den Naturwissenschaften zu bereichern.

4.5. Ausblick

Es versteht sich von selbst, dass in der mit sechs Unterrichtsstunden veranschlagten Sequenz nur ausgewählte Inhalte zur Thematik der Messunsicherheiten vermittelt werden können. Die Lehrplanfülle erschwert es zudem, einem solchen Thema mehr Zeit innerhalb einer Jahrgangsstufe zu widmen. Die positive Resonanz der Schüler und die Bedeutung für das Fach legen nahe, weitere solcher Unterrichtseinheiten zu entwickeln und diese im Sinne des Spiralcurriculums in den verschiedenen Jahrgangsstufen zu verankern. Neben der Festigung durch Wiederholung könnten in den höheren Jahrgangsstufen auch anspruchsvollere Inhalte integriert werden, die in der Mittelstufe teilweise aufgrund der beschränkten mathematischen Möglichkeiten nicht praktikabel sind (Statistik, Hypothesentest, ...).

Denkbar wäre es, die Grundlagen der inneren Unsicherheiten und Ableseunsicherheiten in der achten Jahrgangsstufe einzuführen. Ein früherer Zeitpunkt ist wohl nur bei vorhandenem Taschenrechner sinnvoll. Mit der Fortpflanzung von Messunsicherheiten in Klasse neun kann intensiver auf die Min-Max-Methode und auch auf alternative Ansätze (Addition der relativen Unsicherheiten) eingegangen werden. In dieser oder der folgenden Jahrgangsstufe könnte die graphische Auswertung von Messwerten und die Bedeutung der Messunsicherheiten für die Approximation der Messwerte durch verschiedene Funktionen eingegangen werden. Da in der zehnten Klasse (G8 Bayern) im Rahmen der Methode der kleinen Schritte sowieso die Arbeit mit einem Tabellenkalkulationsprogramms vorgesehen und sinnvoll ist, könnten Daten via Excel geplottet, eine Trendlinie hinzugefügt und das Bestimmtheitsmaß analysiert werden.

Egal an welcher Stelle diese Inhalte unterrichtet werden, der sichere Umgang mit Messunsicherheiten ist sicherlich ein wichtiger Schritt für die Schüler auf ihrem naturwissenschaftlichen Lebensweg.

Literaturverzeichnis

Allie et al. (2003), *Teaching Measurement in the Introductory Physics Laboratory*, The Physics Teacher **41**, S. 394-401.

BIPM, IEC, IFCC, ISO, IUPAC, IUPAP & OIML (1995), *Guide to the Expression of Uncertainty in Measurement (GUM)*, International Organization of Standardization, Genf.

Buffler A, Allie S & Lubben F. (2008), *Teaching Measurement and Uncertainty the GUM Way*, The Physics Teacher **46**, S. 539-543.

Buffler et al. (2009), *Introduction to Measurement in the Physics Laboratory. A probabilstic approach*, http://www.phy.uct.ac.za/people/buffler/labmanual.html, aufgerufen am 26.06.2011.

Deacon C. (1992), *Error Analysis in the Introductory Physics Laboratory*, The Physics Teacher **30**, S. 368-370.

Demtröder (2003), *Experimentalphysik 1.* Springer Verlag Berlin.

Diehl B., Erb R. & Heise H. (2008), *Physik. Oberstufe Gesamtband.* Cornelson Verlag Berlin.

GUM (2008), *GUM (Norm)*, http://de.wikipedia.org/wiki/GUM_(Norm), aufgerufen am 26.06.2011.

DIN V ENV 13005 (1995), *Leitfaden zur Angabe der Unsicherheit beim Messen.* Deutsche Übersetzung des GUM.

Heinicke S. & Rieß F. (2007), *Wer macht schon gern Fehler? Eine Studie über das Verständnis Studierender von Messunsicherheiten*, in Nordmeier et al. (Hrsg.): *Didaktik der Physik – Regensburg 2007.* Berlin: Lehmanns Media.

Heinicke S. & Rieß F. (2009), *Was heißt denn hier Fehler? Über die Terminologie der Fehlerrechnung und die Vorstellung Lernender – eine Erweiterung des „point and set" Modells*, in Nordmeier et al. (Hrsg.): *Didaktik der Physik – Bochum 2009.* Berlin: Lehmanns Media.

Heinicke et al. (2010), *Aus Fehlern wird man klug. Über die Relevanz eines adäquaten Verständnisses von „Messfehlern"*, Praxis der Naturwissenschaften – Physik in der Schule **5**, S. 26-33.

Kircher E., Girwidz R., & Häußler P. (2010), *Physikdidaktik: Theorie und Praxis.* Springer-Verlag, Berlin.

Beschlüsse der Kultusministerkonferenz (2004), *Bildungsstandards im Fach Physik für den Mittleren Schulabschluss*, http://www.kmk.org/fileadmin/veroeffentlichungen_beschluesse/2004/2004_12_16-Bildungsstandards-Physik-Mittleren-SA.pdf, abgerufen am 22.07.2013.

Lubbena F. & Millar R (1996), *Children's ideas about the reliability of experimental data*, International Journal of Science Education, **18**, S. 955-968.

Physikalische Praktika (2010), *Vorversuch: Auswertung von Messwerten (AMW).* Fakultät für Physik der Ludwig-Maximilians-Universität München – Grundpraktika. http://downloads.physik.uni-muenchen.de/praktikum/jessen/versuche/AMW.pdf, abgerufen am 24.06.2011.

Siegel P. (2007), *Having Fun with Error Analysis*, The Physics Teacher **45**, S. 232-234.

Staatsinstitut für Schulqualität und Bildungsforschung – ISB GY (2011), *Lehrplan für das achtjährige Gymnasium*, http://www.isb-gym8-lehrplan.de/, abgerufen am 26.06.2011.

Staatsinstitut für Schulqualität und Bildungsforschung – ISB RS (2011), *Lehrplan für die sechsstufige Realschule*, http://www.isb.bayern.de/, abgerufen am 26.06.2011.

Volkwyn et al. (2010), *Impact of a conventional introductory laboratory course on the understanding of measurement*, Physical Review Special Topics – Physics Education Research **4**, 010108.

Fehndrich M. (2008), *Wahlumfragen.* http://www.wahlrecht.de/lexikon/wahlumfragen.html, abgerufen am 14.09.2013.

Anhang A. Unterrichtsmaterialien

10. Arbeitsblatt „Rundungsfaustregel“ (S. 82)

11. Lösung zur „Rundungsfaustregel“ (S. 84)

12. Arbeitskarten des Lernzirkels (S. 86ff)

13. Lösung zum Lernzirkel (S. 90ff)

Das Messen in der Naturwissenschaft

Wenn ein Naturwissenschaftler eine Messung macht, versucht er, den „wahren Wert" möglichst genau zu bestimmen. Da bei jedem Experiment verschiedene „Unsicherheiten" (*Der Begriff „Messfehler" ist irreführend und nicht mehr üblich*) auftreten, ist das Ergebnis eines Experiments kein exakter Wert, sondern stets ein Intervall, in dem sich der wahre Wert befindet. Je kleiner das Intervall, desto besser / aussagekräftiger!

Der wahre Wert kann ein bereits bekannter Literaturwert sein (Erdbeschleunigung), oder der noch unbekannte Wert einer physikalischen Größe (Fallbeschleunigung auf dem Saturn).

1. Ableseunsicherheiten

Beispiel Tellerwaage: Die korrekte Deutung des Experiments lautet: Die unbekannte Masse m liegt im Intervall [2kg; 3kg].

Man kann nun die Mitte des Intervalls als „Bestwert" angeben:

m = (2,5 ± 0,5)kg.

Achtung: m = 2,5kg ist ein anderes Ergebnis!

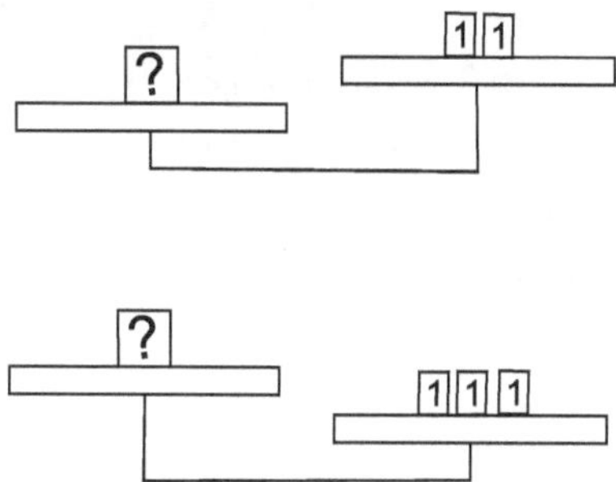

Merke: Die Ableseunsicherheit entsteht NUR durch das Ablesen und nicht durch das Experiment selbst.

Weitere Beispiele: Arbeitsblatt „Ableseunsicherheiten".

2. Innere Unsicherheiten

Datenblatt des Digitalvoltmeters als stummer Impuls

Innere Unsicherheiten sind Abweichungen des Messwerts vom wahren Wert, die alleine durch das Messgerät verursacht werden (reale Bauteile, Temperaturschwankungen, AD-Wandler etc.).

LSG zu den Begriffen systematische und grobe Fehler. Die Angabe „digits" wird wegen der „Verwechslung" mit der Ableseunsicherheit nicht behandelt.

Beispiel Datenblatt Digitalvoltmeter:

$U = 3{,}452\ V\ (\pm 0{,}9\%)$ => $\Delta U = 0{,}031068V$

Merke: In diesem Beispiel heißt U die Messgröße, ΔU die absolute Messunsicherheit und $\frac{\Delta U}{U}$ die relative Unsicherheit. Ein Ergebnis wird vollständig wie folgt angegeben: $U \pm \Delta U$.

Für die absolute Messunsicherheit ΔU gilt folgende Konvention:

- Sie wird immer auf eine Ziffer gerundet
- Sie wird immer aufgerundet

  Lieber unsicherer als scheinbar sicherer: Beispiel Ehec-Schnelltest: Bei 10Probanden liefert der Test nach 6 Stunden, bei 10 anderen nach 22

Stunden ein eindeutiges Ergebnis, bei 2 erst nach 27 Stunden. Die offizielle Angabe ist daher „nach spätestens 2 Tagen".

Das Ergebnis der Spannungsmessung lautet sinnvollerweise:

$$U = (3{,}45 \pm 0{,}04)V$$

Beim Aufschreiben des Endergebnisses enden das Messergebnis und die (absolute) Messunsicherheit an derselben Dezimalstelle.

Einfache weitere Beispiele. Tandem.

3. Fortpflanzung von Messunsicherheiten

Einführungsfolie „Pausenverkauf" als stummer Impuls.

Werden mehrere Messgrößen z.B. durch eine mathematische Formel zu einem Endergebnis verknüpft, so ergibt sich aufgrund der Unsicherheiten der Messgrößen auch eine Unsicherheit des Ergebnisses („Fehlerfortpflanzung").

Da man nicht weiß, ob sich die Unsicherheiten der einzelnen Messgrößen gegenseitig aufheben oder verstärken, gibt man eine grobe Abschätzung der Unsicherheit an – „man geht auf Nummer sicher".

(Andere Abschätzungen wären mathematisch zu anspruchsvoll.)

Bei der Methode der oberen und unteren Grenze setzt man die Maximal- bzw. Minimalwerte der Messgrößen derart ein, dass das Ergebnis seinen maximalen bzw. minimalen Wert annimmt („Min-Max-Methode).

Beispiel: Oberfläche der Tafel / des Pults / des Tischs => Schüler messen und berechnen.

$$O = a \cdot b \; cm^2$$

Die Unsicherheit des Ergebnisses bestimmt man durch $\Delta O = \frac{O_{max} - O_{min}}{2}$ und heißt „Größtfehler".

Beachte: Damit das Ergebnis maximal wird, muss man z.T. die minimalen Messgrößen einsetzen!

Beispiel „Ohmscher Widerstand": Berechne zu folgenden Messdaten den Widerstandswert.
$U = (12{,}0 \pm 0{,}1)V, I = (0{,}031 \pm 0{,}001)V$ => $R = (0{,}39 \pm 0{,}02)K\Omega$.

Eventuell: Schwierigkeit bei der Steigung einer Geraden.
Weitere Beispiele.

4. Anwendungen der Messunsicherheiten

Durch die Berücksichtigung der Messunsicherheiten kann die Aussagekraft des Ergebnisses eines Experiments beurteilt werden:

Beispiel „Schallgeschwindigkeit":
In deinem Schulbuch steht, dass die Schallgeschwindigkeit bei 30°C etwa 349m/s beträgt. Um dies experimentell zu überprüfen, misst du die Zeit t, die ein Signal für die Strecke s benötigt bei 30°C.

Du erhältst folgende Messdaten aus deinem Experiment:

$$s = (150 \pm 1)cm, t = (4{,}32 \pm 0{,}01)ms.$$

$$=> v_{exp} = (347 \pm 4)\frac{m}{s}.$$

Im Rahmen der Messunsicherheit kann der angegebene Wert bestätigt werden.

Beispiel „Forscherkongress“:

Auf einem Physikkongress treffen sich zwei Forscher, die die Halbwertszeit des unbekannten Elements Gemsium gemessen haben.

$$\tau_1 = (1{,}80 \pm 0{,}02)s$$

$$\tau_2 = (1{,}84 \pm 0{,}04)s$$

Wer hat recht?

Kurz darauf meldet sich ein dritter Forscher zu Wort:

$$\tau_3 = (1{,}805 \pm 0{,}005)s$$

Was denkst du?

Beispiel „Rundungsfaustregel“ => Arbeitsblatt

Arbeitsblatt „Ableseunsicherheiten“

Auf dem Blatt siehst du 8 Abbildungen von Messvorrichtungen. Bestimme für jede Situation einen Messwert mit Ableseunsicherheit und gib dein Ergebnis sinnvoll an, z.B. R = (53,2 ± 0,2)KΩ.

Nummer	Aufgabe	Lösung
1.	 0 10 20 30 40 mA	I =
2.	 0 1 2 3 4 V	U =
3.	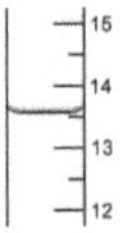 15 14 13 12 (Skala in cm)	h =
4.	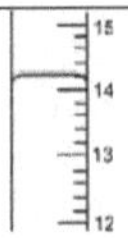 15 14 13 12 (Skala in cm)	h =
5.	87,3 s	t =
6.	87,354 s	t =
7.	 (Position der oberen Spitze)	α =
8.	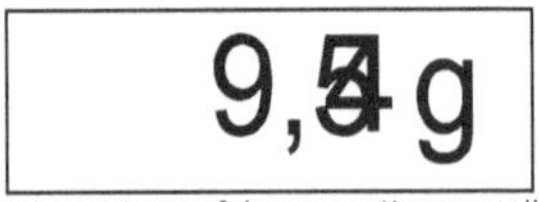 9,4 g / 9,5 g Anzeige springt auf der ersten Kommastelle dauernd zwischen 4 und 5 hin und her.	m =

Arbeitsblatt „Ableseunsicherheiten“

Auf dem Blatt siehst du 8 Abbildungen von Messvorrichtungen. Bestimme für jede Situation einen Messwert mit Ableseunsicherheit und gib dein Ergebnis sinnvoll an, z.B. R = (53,2 ± 0,2)KΩ.

Nummer	Aufgabe	Lösung
1.	0 10 20 30 40 mA	I = (16,5 ± 0,5) mA
2.	0 1 2 3 4 V	U = (1,7 + 0,1) V
3.	15 14 13 12 (Skala in cm)	h = (13,6 + 0,1) cm
4.	15 14 13 12 (Skala in cm)	h = (14,2 + 0,1) cm
5.	87,3 s	t = (87,30 + 0,05) s
6.	87,354 s	t = (87,3540 + 0,0005) s
7.	(Position der oberen Spitze)	α = (142 + 3) °
8.	9,4 g Anzeige springt auf der ersten Kommastelle dauernd zwischen 4 und 5 hin und her.	m = (9,45 + 0,05) g

B Messtoleranzen

Angabe der Genauigkeit in ± % der Ablesung
Genauigkeit 1 Jahr lang bei einer Temperatur von +23°C ±5 K, bei einer rel. Luftfeuchtigkeit von kleiner als 75%, nicht kondensierend. Die Warm-up-Zeit beträgt 1 Minute

Betriebsart	**Messbereich**	**Genauigkeit**	**Auflösung**
Gleich-spannung	400 mV	± 1,0%	0,1 mV
	4 V	± 0,9%	1 mV
	40 V	± 0,9%	10 mV
	400 V	± 0,9%	100 mV
	1000 V	± 1,4%	1 V
Überlastschutz: 1000 VDC kleiner als 10 s			

Tandem (links)

Setzt euch paarweise gegenüber und knickt das Arbeitsblatt in der Mitte. Haltet es dann so, dass jeder nur eine Seite lesen kann.
Los geht's: Du fängst an und stellst deinem Partner eine Frage. Wenn er sie beantwortet hat, vergleichst du mit der Lösung. Die Lösung steht bei dir auf deinem Blatt. (Nicht aber bei deinem Partner!) Danach bist du dran, eine Aufgabe zu lösen, usw.

Nummer	Aufgabe	Lösung
	Runde die Messunsicherheit richtig:	
1.	$\Delta f = 1{,}23mm$	$\Delta f = 2mm$
2.	$\Delta T = 0{,}946K$	
	Runde die Messunsicherheit und gib die Werte in der der Form $x \pm \Delta x$ an.	
3.	$t = 14{,}2s$ $\Delta t = 0{,}258s$	
4.	$L = 230m$ $\Delta L = 0{,}570m$	$L = (230 \pm 1)m$
	Runde das Messergebnis, so dass es zur Messunsicherheit passt und gib die Werte in der der Form $x \pm \Delta x$ an.	
5.	$m = 79{,}4kg$ $\Delta m = 1kg$	$m = (79 \pm 1)kg$
6.	$R = 1{,}731K\Omega$ $\Delta R = 0{,}01K\Omega$	
	Runde Messergebnis und Messunsicherheit sinnvoll und gib die Werte in der der Form $x \pm \Delta x$ an.	
7.	$t_H = 23{,}21a$ $\Delta t_H = 0{,}11a$	
8.	$N = 213{,}52$ $\Delta N = 1{,}3$	$N = (214 \pm 2)$
	Berechne die absolute Messunsicherheit mit dem Taschenrechner und gib die Werte in der der Form $x \pm \Delta x$ an.	
9.	$U = 12{,}3V$ $(\pm 3\%)$	$U = (12{,}3 \pm 0{,}369)V = $ $= (12{,}3 \pm 0{,}4)V$
10.	$I = 0{,}54A$ $(\pm 1\%)$	

Tandem (rechts)

Setzt euch paarweise gegenüber und knickt das Arbeitsblatt in der Mitte. Haltet es dann so, dass jeder nur eine Seite lesen kann.
Los geht's: Du fängst an und stellst deinem Partner eine Frage. Wenn er sie beantwortet hat, vergleichst du mit der Lösung. Die Lösung steht bei dir auf deinem Blatt. (Nicht aber bei deinem Partner!) Danach bist du dran, eine Aufgabe zu lösen, usw.

Nummer	Aufgabe	Lösung
Runde die Messunsicherheit richtig:		
1.	$\Delta f = 1{,}23mm$	
2.	$\Delta T = 0{,}946K$	$\Delta T = 1K$
Runde die Messunsicherheit und gib die Werte in der der Form $x \pm \Delta x$ an.		
3.	$t = 14{,}2s$ $\Delta t = 0{,}258s$	$t = (14{,}2 \pm 0{,}3)s$
4.	$L = 230m$ $\Delta L = 0{,}570m$	
Runde das Messergebnis, so dass es zur Messunsicherheit passt und gib die Werte in der der Form $x \pm \Delta x$ an.		
5.	$m = 79{,}4kg$ $\Delta m = 1kg$	
6.	$R = 1{,}731K\Omega$ $\Delta R = 0{,}01K\Omega$	$R = (1{,}73 \pm 0{,}01)K\Omega$
Runde Messergebnis und Messunsicherheit sinnvoll und gib die Werte in der der Form $x \pm \Delta x$ an.		
7.	$t_H = 23{,}21a$ $\Delta t_H = 0{,}11a$	$t_H = (23{,}2 \pm 0{,}2)a$
8.	$N = 213{,}52$ $\Delta N = 1{,}3$	
Berechne die absolute Messunsicherheit mit dem Taschenrechner und gib die Werte in der der Form $x \pm \Delta x$ an.		
9.	$U = 12{,}3V$ $(\pm 3\%)$	
10.	$I = 0{,}54A$ $(\pm 1\%)$	$I = (0{,}54 \pm 0{,}0054)A =$ $= (0{,}54 \pm 0{,}01)A$

Tandem (Lösung komplett)

Setzt euch paarweise gegenüber und knickt das Arbeitsblatt in der Mitte. Haltet es dann so, dass jeder nur eine Seite lesen kann.
Los geht's: Du fängst an und stellst deinem Partner eine Frage. Wenn er sie beantwortet hat, vergleichst du mit der Lösung. Die Lösung steht bei dir auf deinem Blatt. (Nicht aber bei deinem Partner!) Danach bist du dran, eine Aufgabe zu lösen, usw.

Nummer	Aufgabe	Lösung
Runde die Messunsicherheit richtig:		
1.	$\Delta f = 1{,}23mm$	$\Delta f = 2mm$
2.	$\Delta T = 0{,}946K$	$\Delta T = 1K$
Runde die Messunsicherheit und gib die Werte in der der Form $x \pm \Delta x$ an.		
3.	$t = 14{,}2s$ $\quad \Delta t = 0{,}258s$	$t = (14{,}2 \pm 0{,}3)s$
4.	$L = 230m$ $\quad \Delta L = 0{,}570m$	$L = (230 \pm 1)m$
Runde das Messergebnis, so dass es zur Messunsicherheit passt und gib die Werte in der der Form $x \pm \Delta x$ an.		
5.	$m = 79{,}4kg$ $\quad \Delta m = 1kg$	$m = (79 \pm 1)kg$
6.	$R = 1{,}731K\Omega$ $\quad \Delta R = 0{,}01K\Omega$	$R = (1{,}73 \pm 0{,}01)K\Omega$
Runde Messergebnis und Messunsicherheit sinnvoll und gib die Werte in der der Form $x \pm \Delta x$ an.		
7.	$t_H = 23{,}21a$ $\quad \Delta t_H = 0{,}11a$	$t_H = (23{,}2 \pm 0{,}2)a$
8.	$N = 213{,}52$ $\quad \Delta N = 1{,}3$	$N = (214 \pm 2)$
Berechne die absolute Messunsicherheit mit dem Taschenrechner und gib die Werte in der der Form $x \pm \Delta x$ an.		
9.	$U = 12{,}3V$ $\quad (\pm 3\%)$	$U = (12{,}3 \pm 0{,}369)V =$ $= (12{,}3 \pm 0{,}4)V$
10.	$I = 0{,}54A$ $\quad (\pm 1\%)$	$I = (0{,}54 \pm 0{,}0054)A =$ $= (0{,}54 \pm 0{,}01)A$

Schüler-Experimente: „Innere Unsicherheiten und Ableseunsicherheiten“

Auf den Tischen findest du verschiedene Messgeräte sowie jeweils eine Anleitung für ein einfaches Freihandexperiment.

Führe das Experiment durch, erstelle dazu ein kurzes Protokoll in deinem Physikheft (Überschrift, kurze Beschreibung, Aufbau, Messwerte).

Berechne dann die absolute Messunsicherheit sowie die Ableseunsicherheit und gib dein Messergebnis in der Form $x_{ablese\,U} = 12{,}0cm\ \pm 0{,}2cm$ und $x_{innere\,U} = 12{,}0cm\ \pm 0{,}1cm$ an.

Überlege dir für jedes Experiment, welche der beiden Unsicherheiten die größere Rolle spielt.

Experiment 1

Mit dem Kraftmesser kannst du die Gewichtskraft eines Körpers in Newton messen.

Miss die Gewichtskraft von den drei verschiedenen Probekörpern.

Die relative Unsicherheit beträgt $\Delta F = 5\%$.

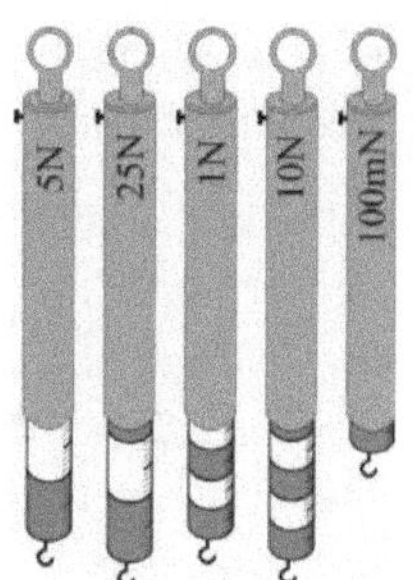

Experiment 2

Verwende die Stoppuhr, um die Fallzeit der Kugel aus einer Höhe von 2,0 Metern dreimal zu messen. Die innere Unsicherheit beträgt $\Delta t = 0{,}5\%$.

Welche Art von „Messunsicherheit" spielt bei diesem Experiment eine weitere große Rolle?

Experiment 3

Mit der Küchenwaage kannst du die Gewichtskraft eines Körpers in Gramm messen.

Schalte die Waage ein und kalibriere sie. Achte darauf, dass Gramm als Maßeinheit angezeigt wird. Im Geräteblatt steht, dass die Messunsicherheit Δm = 0,9%, aber immer mindestens 1dgt (Digit), d.h. mindestens eine Stelle beträgt.

Bestimme die Masse der drei Probekörper.

Experiment 4

Du findest hier einen einfachen Schaltkreis, bestehend aus einer Batterie und einer Glühlampe.

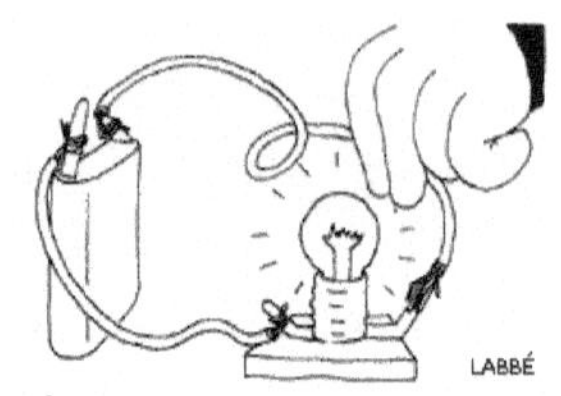

Im Geräteblatt steht, dass die Messunsicherheit ΔU = 1,5%, beträgt.

Miss mit dem Voltmeter die Spannung, die an der Batterie abfällt.

Pausenverkauf

Ein neuer Schüler soll Essensgeld von seinen Eltern bekommen, erinnert sich aber nur noch grob an die Preise im Pausenverkauf.

Ein Getränk kostet 1,60€, der Schüler schätzt 1,50€.

Der Schokoriegel kostet 0,90€, der Schüler schätzt 1,00€.

Die belegte Semmel kostet 1,10€, der Schüler schätzt 1,00€.

Fall 1: Schüler bekommt 2,50€ für ein Getränk und einen Schokoriegel.

Fall 2: Schüler bekommt 2,50€ für ein Getränk und eine belegte Semmel.

Wie viele M&M´s sind in einer Tüte?

Zur Verfügung stehen euch:
- Eine Digitalwaage
- Eine verschlossene Tüte mit M&M´s
- Eine leere Tüte
- Fünf einzelne M&M´s (NICHT SOFORT AUFESSEN)

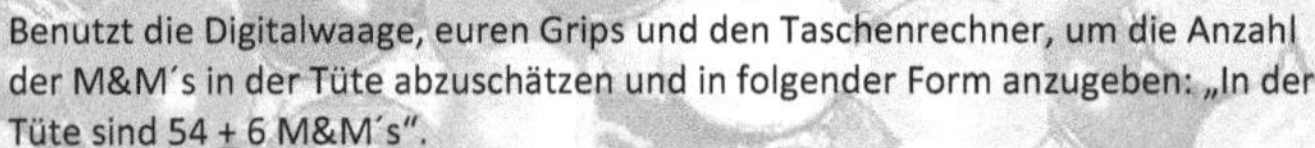

Benutzt die Digitalwaage, euren Grips und den Taschenrechner, um die Anzahl der M&M´s in der Tüte abzuschätzen und in folgender Form anzugeben: „In der Tüte sind 54 ± 6 M&M´s".

Bestimmt dazu einen Schätzwert sowie die Unsicherheit des Ergebnisses. Überlegt euch dazu, wie man den Einfluss der einzelnen Unsicherheiten beim Messen oder Ablesen auf das Endergebnis sinnvoll berücksichtigen kann.
Schreibt euren Lösungsweg auf eine Overheadfolie. Insgesamt habt ihr 20 Minuten Zeit.

Im Anschluss stellt einer aus eurem Team euren Lösungsweg den anderen Schülern vor. Anschließend wird die Tüte geöffnet und die „wahre M&M-Anzahl" bestimmt!

Damit euer Team die ganze Tüte gewinnt, müssen drei Bedingungen erfüllt sein:
- Euer Endergebnis beruht auf einer sinnvollen Rechnung und ist nicht geraten!
- Der wahre Wert für die M&M´s-Anzahl liegt in eurem Schätzintervall!
- Die angegebene Unsicherheit des Ergebnisses ist bei den anderen Teams größer!

Viel Spaß und gutes Schätzen!

Lösungsvorschlag zu „Wie M&Ms sind in einer Tüte?“

Unsere Messwerte sind:

$$m_{Tüte\ gesamt} = (196{,}4\ \pm\ 0{,}1)\ g$$

$$m_{Tüte\ leer} = (9{,}2\ \pm\ 0{,}1)\ g$$

$$m_{5\ M\&Ms} = (7{,}3\ \pm\ 0{,}1)\ g$$

Für die Berechnung der Anzahl ergibt sich:

$$n_{best} = \frac{196{,}4g - 9{,}2g}{7{,}3g: 5} = 128{,}2191\ ...$$

$$n_{max} = \frac{196{,}5g - 9{,}1g}{7{,}2g: 5} = 130{,}13888\ ...$$

$$n_{min} = \frac{196{,}3g - 9{,}3g}{7{,}4g: 5} = 126{,}351351\ ...$$

Damit ergibt sich folgendes Intervall für die Unsicherheit:

$$\Delta n = \frac{n_{max} - n_{min}}{2} = 1{,}893\ ...\ \approx 2$$

Unsere Prognose für die ganze Tüte ist:

$$n = 128\ \pm 2$$

Arbeitsblatt „Faustregel zum Runden von Ergebnissen"

Pauline wohnt 350 Meter von ihrer Schule entfernt. Da sie gerne lange frühstückt, muss sie meistens zur Schule laufen. Für die Strecke benötigt sie 2 Minuten.

1. Berechne Paulines (konstante) Geschwindigkeit in m/s. Überlege dir, wie du das Ergebnis für die Geschwindigkeit angeben / runden würdest, wenn du nach der „Faustregel" nur die Anzahl der gültigen Stellen der angegeben Größen berücksichtigst.

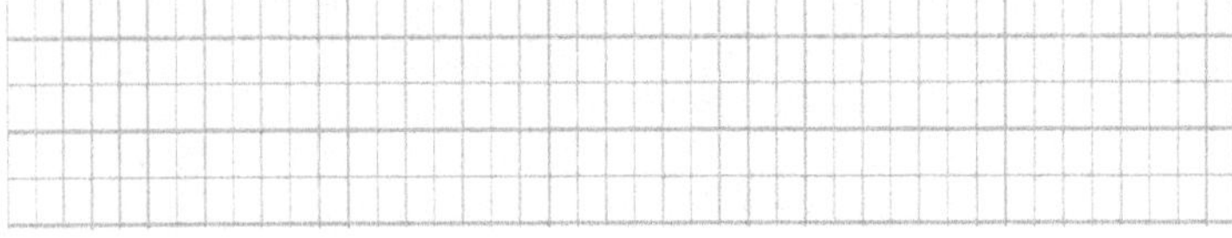

2. Da du keine weiteren Informationen über die Genauigkeit von Paulines Angaben hast, gehst du davon aus, dass keine inneren Messunsicherheiten vorliegen, sondern du nur eine Ableseungenauigkeit für die beiden Messgrößen berücksichtigen musst.
   Gib die Strecke und die Zeit in der Form $s \pm \Delta s$ bzw. $t \pm \Delta t$ an, berechne v_{max} und v_{min} und damit den Größtfehler, und gib dein vollständiges Ergebnis für die Geschwindigkeit an.

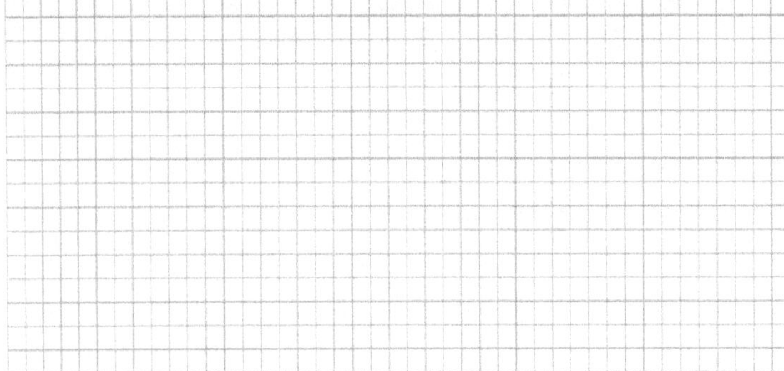

3. Pauline meint, dass sie ja in Wirklichkeit nicht „ungefähr 2 Minuten" gebraucht hat, sondern für die Zeit 120 Sekunden gestoppt hat. Wie würdest du mit dieser neuen Information dein Ergebnis von Aufgabe 1 nach der Faustregel runden? Wiederhole die Rechnung von Aufgabe 2 und gib dein neues Ergebnis für Paulines Geschwindigkeit vollständig an.

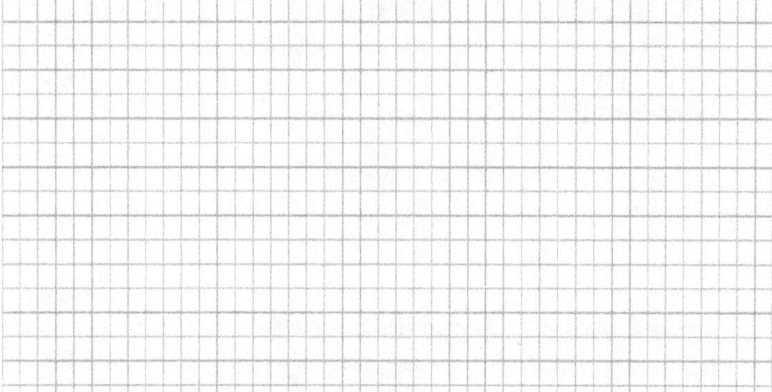

Macht die „Faustregel" in den beiden Fällen jeweils Sinn? Überlege dir dazu, welches Ergebnisintervall du durch das Runden nach der Faustregel erhältst, und vergleiche dieses Intervall mit dem, das du durch die Betrachtung der Messunsicherheiten berechnet hast.

Arbeitsblatt „Faustregel zum Runden von Ergebnissen"

Pauline wohnt 350 Meter von ihrer Schule entfernt. Da sie gerne lange frühstückt, muss sie meistens zur Schule laufen. Für die Strecke benötigt sie 2 Minuten.

1. Berechne Paulines (konstante) Geschwindigkeit in m/s. Überlege dir, wie du das Ergebnis für die Geschwindigkeit angeben / runden würdest, wenn du nach der „Faustregel" nur die Anzahl der gültigen Stellen der angegeben Größen berücksichtigst.

$$v = \frac{350m}{120s} = 2{,}916 \ldots \frac{m}{s} \approx 3\frac{m}{s}$$

2. Da du keine weiteren Informationen über die Genauigkeit von Paulines Angaben hast, gehst du davon aus, dass keine inneren Messunsicherheiten vorliegen, sondern du nur eine Ableseungenauigkeit für die beiden Messgrößen berücksichtigen musst.
   Gib die Strecke und die Zeit in der Form $s \pm \Delta s$ bzw. $t \pm \Delta t$ an, berechne v_{max} und v_{min} und damit den Größtfehler, und gib dein vollständiges Ergebnis für die Geschwindigkeit an.

$$s = (350{,}0 \ \pm 0{,}5)m$$

$$t = (2{,}0 \ \pm 0{,}5)min$$

$$v_{max} = \frac{350{,}5m}{90s} = 3{,}894 \ldots \frac{m}{s}$$

$$v_{min} = \frac{349{,}5m}{150s} = 2{,}33\frac{m}{s}$$

$$\Delta v = 0{,}7822\frac{m}{s} \approx 1\frac{m}{s}$$

$$\Rightarrow \ v = (3 \ \pm 1)\frac{m}{s}$$

3. Pauline meint, dass sie ja in Wirklichkeit nicht „ungefähr 2 Minuten" gebraucht hat, sondern für die Zeit 120 Sekunden gestoppt hat. Wie würdest du mit dieser neuen Information dein Ergebnis von Aufgabe 1 nach der Faustregel runden? Wiederhole die Rechnung von Aufgabe 2 und gib dein neues Ergebnis für Paulines Geschwindigkeit vollständig an.

$$v_{Faustregel} = \frac{350m}{120s} = 2{,}916\frac{m}{s} \approx 2{,}92\frac{m}{s}$$

$$v_{max} = \frac{350{,}5m}{119{,}5s} = 2{,}9331\frac{m}{s}$$

$$v_{min} = \frac{349{,}5m}{120{,}5s} = 2{,}9004\frac{m}{s}$$

$$\Delta v = 0{,}01635\frac{m}{s} \approx 0{,}02\frac{m}{s}$$

$$\Rightarrow v = (2{,}92 \pm 0{,}02)\frac{m}{s}$$

Station 1	**Ergebnisse sinnvoll darstellen**	

Gib folgende Messwerte mit Messunsicherheit in sinnvoll gerundeter Form an.

Brennweite einer Linse: $f = 147{,}452mm, \quad \Delta f = 2{,}38mm.$

Durchmesser eines Haares: $d = 52{,}45\mu m, \quad \Delta d = 9{,}6\mu m$

Netzspannung $U = 229{,}8V, \quad \frac{\Delta U}{U} = 1{,}4\%.$

Lebensdauer einer Stubenfliege: $t = 23{,}38d, \quad \Delta t = 5{,}79d$

Molare Massen von Glucose: $M = 172{,}243g/mol, \quad \Delta M = 9{,}557g/Mol.$

Erdbeschleunigung: $g = 9{,}75\frac{m}{s^2}, \quad \Delta g = 0{,}93\frac{m}{s^2}$

Halbwertszeit von Gemsium: $\tau = 1{,}83\mu s, \quad \Delta\tau = 22{,}7ns.$

Abstand des Mondes von der Erde: $D = 384401km, \quad \Delta D = 56410km.$

Station 2	Messergebnisse bewerten	

Mit dem sog. Stromzähler wird die im Haushalt die genutzte elektrische Energie in Kilowattstunden gemessen und damit der Rechnungsbetrag bestimmt, den deine Eltern dann an den Energieversorger bezahlen müssen. Diese Stromzähler dürfen dabei eine Ungenauigkeit von höchstens 2% aufweisen, um eine gültige Eichmarke zu erhalten.

Der Stromzähler deiner Eltern wird bei einer Überprüfung einem Test unterzogen und das Ergebnis eures Zählers mit dem Ergebnis eines Hochleistungsprüfgeräts (innere Unsicherheit <0,5%) verglichen.

Nach einer Testmessung zeigt der Stromzähler deiner Eltern eine Leistungsabnahme von 18,5KWh, das Prüfgerät 18,0KWh an.
Berechne die Messunsicherheiten für beide Geräte und bewerte das Ergebnis des Tests!

Station 3	**Experimente auswerten**	

An dem Arbeitsplatz findest du ein näherungsweise quaderförmiges Federmäppchen und ein Lineal.

Bestimme die Kantenlängen, schätze die Unsicherheit der Längenmessung sinnvoll und berechne damit das Volumen des Mäppchens. Gib die absolute sowie die relative Unsicherheit deines Ergebnisses an.

Station 4	Mit Messunsicherheiten argumentieren	

In der letzten Mathematikschulaufgabe solltet ihr die Steigung einer Geraden g zeichnerisch mittels eines Steigungsdreiecks bestimmen.
Da einige Schüler die Steigung etwas ungenau bestimmt habe, überlegt Eure Mathematiklehrerin, ab wann sie Punkte wegen zu großer Ungenauigkeit abziehen soll.

Die Mathematiklehrerin hat für die Bestimmung der Steigung der Geraden die Punkte A (1,3 / 0,5) und B (4,7 / 5,0) verwendet.

Berechne die Steigung der Geraden mit den Punkten deiner Lehrerin und bestimme zusätzlich die Unsicherheit des Ergebnisses, wenn du davon ausgehst, dass die Koordinaten der Punkte jeweils auf 0,1 genau abgelesen werden können.

Deine Banknachbarin hat in der Schulaufgabe für die Steigung 1,6 berechnet. Glaubst du, dass dieses Ergebnis als (noch) richtig gewertet werden wird?

Station 1	**Lösung: Ergebnisse sinnvoll darstellen**	

Gib folgende Messwerte mit Messunsicherheit in sinnvoll gerundeter Form an.

Brennweite einer Linse: $f = (147 \pm 3)mm.$

Durchmesser eines Haares: $d = (0{,}05 \pm 0{,}01)mm$

Netzspannung $U = (230 \pm 4)V$

Lebensdauer einer Stubenfliege: $t = (23 \pm 4)d$

Molare Massen von Glucose: $M = 0{,}17 \pm 0{,}01)kg/mol.$

Erdbeschleunigung: $g = (10 \pm 1)\frac{m}{s^2}$

Halbwertszeit von Gemsium: $\tau = (1{,}83 \pm 0{,}03)\mu s$

Abstand des Mondes von der Erde: $D = (38 \pm 6) \cdot 10^4 km$

Station 2	Lösung: Messergebnisse bewerten	

$$P_{Hochleistungsmessung} = (18{,}0 \pm 0{,}09)kWh \approx (18{,}0 \pm 0{,}1)kWh$$

$$P_{Elterngerät} = (18{,}5 \pm 0{,}37)kWh \approx (18{,}5 \pm 0{,}4)kWh$$

Da sich die Messbereiche der beiden Geräte nur berühren aber nicht schneiden (bessere Lösung) bzw. da der Messwert des Elterngeräts nicht im Intervall der Referenzmessung liegt, muss in „innerer Fehler" vorliegen, die diese Abweichung nicht über die Messunsicherheiten erklärt werden kann.

Station 3	Lösung: Experimente auswerten	

$$l = (13{,}5 \pm 0{,}2)cm$$
$$b = (8{,}3 \pm 0{,}2)cm$$
$$h = (6{,}5 \pm 0{,}5)cm$$

$$V_{best} = 728{,}325cm^3$$
$$V_{max} = 815{,}15cm^3$$
$$V_{min} = 646{,}38cm^3$$
$$V = (728{,}325 \pm 84{,}385)cm^3 \approx (0{,}73 \pm 0{,}08)dm^3$$

Station 4	L: Mit Messunsicherheiten argumentieren	

$$m_{best} = 1{,}3235\,...$$
$$m_{max} = 1{,}46875$$
$$m_{min} = 1{,}1944\,...$$
$$m = 1{,}3 \pm 0{,}2$$

Eine Steigung die Nachbarin von 1,6 liegt außerhalb des Intervalls. Daher wird es daher keine Punkte mehr geben, da die Abweichung zu groß ist.

Michael Plomer

Flüssigkeitsmechanik in den Life Sciences

Eine Anleitung für das Physikpraktikum: Grundlagen und Versuchsdurchführung zu Diffusion und Osmose

ISBN 978-3-8382-0177-1
138 Seiten, Paperback. **€ 24,90**

Im Physikpraktikum sollen den Studierenden der Life Sciences die für ihr jeweiliges Hauptfach nötigen physikalischen Grundlagen sowie experimentelle Fähigkeiten vermittelt werden. Wie aktuelle fachdidaktische Forschung belegt, ist es essentiell, die Versuche des Praktikums dabei auf die inhaltlichen und kognitiven Bedürfnisse der Studierendengruppe anzupassen.

Michael Plomer stellt in seiner Monographie beispielhaft eine adressatenspezifische Überarbeitung eines Praktikumsversuchs zur Flüssigkeitsmechanik vor, die um einen neuen Teilversuch zu Diffusion und Osmose erweitert wurde. Neben zahlreichen auf die unterschiedlichen Fachrichtungen abgestimmten Beispielen innerhalb der Versuchsanleitung wurde auch die Auswertung des Osmoseversuchs fachrichtungsspezifisch gestaltet, so dass beispielsweise Studierende der Biologie die Diffusionsgeschwindigkeiten in Membranen oder Studierende der Geowissenschaften die Leistung eines (Modell-)Osmosekraftwerks untersuchen.

Die im Buch beschriebenen Veränderungen und Neuerungen unterstützen Lehrende dieser Fachrichtungen bei der Weiterentwicklung eigener Praktikumsversuche. Der neu gestaltete Osmoseversuch kann zudem ohne größeren finanziellen Aufwand in ein bestehendes Praktikum integriert werden.

***ibidem*-Verlag**

Melchiorstr. 15

D-70439 Stuttgart

info@ibidem-verlag.de

www.ibidem-verlag.de
www.ibidem.eu
www.edition-noema.de
www.autorenbetreuung.de

Zeitfracht Medien GmbH
Ferdinand-Jühlke-Straße 7
99095 Erfurt, Deutschland
produktsicherheit@kolibri360.de